波形叠加地震定位

方法与应用

BOXING DIEJIA DIZHEN DINGWEI
FANGFA YU YINGYONG

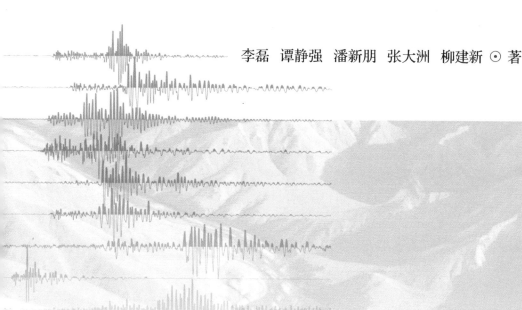

李磊　谭静强　潘新朋　张大洲　柳建新 ⊙ 著

中南大学出版社
www.csupress.com.cn

·长沙·

地震定位是地球物理和地质工程等领域经典的反演问题，能提供震源位置和发震时刻等基本信息，描述震源的时空分布和演化，是震级计算、地震活动性监测、断层形态刻画和震源机制反演等多尺度地震数据处理与分析的重要基础，具有非常广泛的应用价值和重要的实际意义。随着近年来页岩气和地热等非常规能源开发热潮的兴起，以及二氧化碳地质封存和储气库建设等实际工程需求的增加，水力压裂和流体注入储层等地下工程作业诱发了大量能够用于表征裂缝发育和储层描述的微地震事件。震源定位是这些领域开展被动地震监测的基础技术环节。此外，现代密集台网观测技术的发展，使得深入研究地震的前震和余震等微弱地震信号成为可能。这些最新的研究进展和工业应用需求给震源定位方法在抗噪性、自动化和实时化等方面提出了更高的要求。

地震定位的经典方法是基于初至波走时信息的反演，通过构建包含理论和观测走时或走时差信息的目标函数并进行求解，从而获得定位结果。传统走时反演法需要进行初至拾取获得走时信息，对于大数据量、低信噪比的微弱地震信号，存在初至拾取困难、主观性强、效率较低等不足。研究者们自然地借鉴反射地震勘探中偏移叠加的思想，提出了一些无须初至拾取、利用多道波形信息的自动震源定位方法。这类方法充分挖掘和利用地震记录的初至走时和波形幅度信息，根据已有速度模型进行波场延拓或计算走时，无须进行初至拾取，在震源成像过程中能通过多道波形叠加压制噪声，从而能比传统走时反演方法更好地适应低信噪比的微弱地震信号。此外，随着机器学习在地震数据处理领域研究和应用的深入，其在微弱地震信号检测和定位中表现出较好的应用前景。科学合理地融合密集台阵监测的海量波形信息与机器学习算法，有助于识别更多小震级、低信噪比的微地震事件并优化其定位精度，为小尺度断层刻画、裂缝发育监测和储层描述等提供更加丰富、完善的基础数据。

　　基于上述研究背景，结合笔者过去十年来对地震定位和微地震监测技术的持续关注和深入研究，总结了波形叠加地震定位方法及其在多尺度应用方面的认识和成果，撰写了本书。希望本书能为从事地震定位及地震监测等相关领域研究的专家学者、高校师生和技术人员提供一定的参考。

　　本书对新型波形类震源定位方法进行了系统的介绍，特别是重点阐述了波形叠加定位方法的发展历程和研究现状，并基于多尺度的诱发地震和微地震事件开展了波形叠加定位方法的应用和优化。本书内容是笔者自博士研究生阶段以来主要研究工作的总结和梳理，方法原理和实际应用的介绍并重，文字阐述清晰、准确，且配有详尽的图表和公式，展示了大量的实际震源定位效果。在前期的相关研究和本书的撰写过程中，得到了诸多老师的指导和支持，他们是笔者的博士研究生导师中国科学院声学所王秀明研究员和陈浩研究员，国外导师 Dirk Gajewski 教授，博士后合作导师谭静强教授和熊章强教授，中国科学技术大学张海江教授，南方科技大学张伟教授，中国科学院地质与地球物理研究所王一博研究员，中南大学柳建新教授以及地震教研室的潘新朋教授、张大洲副教授、孙娅副教授、王璞副教授和高大维讲师等，衷心感谢各位老师。特别感谢中国科学技术大学李俊伦教授和中国海洋大学谭玉阳副教授提供的四川盆地水力压裂诱发地震数据。在书稿的整理过程中，还有多位研究生与本科生参与了文字校对和图表整理等工作，他们是张嘉诚、金光雨、彭玲、曾小宝、周雯、侯新荣、谢军和战婷婷，感谢他们的帮助。还要感谢国内外诸多专家同行在地震定位和波形叠加震源成像方法等领域做出的贡献，为笔者的研究工作和本书的编写提供了重要参考，谢谢他们。

　　本书的出版是在国家自然科学基金项目（42374076、42004115、42074165、U23B20155）、湖南省自然科学基金项目（2022JJ20057）、湖南省科技创新计划项目（2023RC1021）、中南大学创新驱动计划项目（2023CXQD063）和中国博士后科学基金项目（2019M652803）的资助下完成的，在此一并表示感谢。

　　由于时间仓促和作者水平有限，本书难免存在疏漏和不足之处，敬请广大读者不吝指正。

李磊

2023 年 11 月

Contents 目 录

第 1 章

绪　论

1.1　地震定位的研究意义

地震活动可以在地震活动区(如断层或火山活动区域)被自然地触发[1],
也可以被人类工业活动触发,例如采矿、储水库蓄水、地下流体注入或采出、
油气勘探开发以及地热开采等[2-8]。近年来,在美国、加拿大、中国、英国和韩
国等地发生了数起与非常规储层水力压裂活动有关的较大震级事件($M_W > 3$),
引起了人们的广泛关注与讨论[9-13]。在过去几十年里,人工诱发地震活动监测
取得了重大进展。诱发地震监测已广泛应用于不同尺度的地震学领域,例如工
程地震学领域的矿山及隧道的岩爆监测和预警以及二氧化碳地质封存,勘探地
震学领域的非常规油气开发和地热开发监测,以及天然地震学领域的地质构造
分析等[14-18]。图 1-1 显示了二氧化碳地质封存、地热开发和页岩水力压裂开
发三种代表性工程领域的诱发地震监测示意图。这几种地下作业活动都是典型
的涉及高压流体注入,并会产生大量微小地震事件甚至诱发有感地震事件的工
业活动。

例如,页岩气和干热岩水力压裂开发产生了大量能够用于表征裂缝展布和
发育的低信噪比微地震事件。一般实际诱发地震信号的产生伴随着多种诱发机
理的混合。以水力压裂施工为例,其诱发的地震分为两类:一类是由于水力压
裂直接诱发的,且能产生有效储层压裂体积的事件;另一类则是由于压裂作业

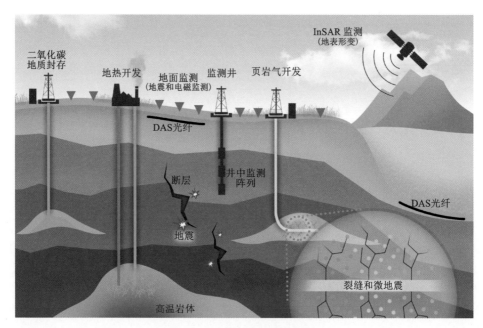

图 1-1 诱发地震监测示意图[19]

导致压裂区域周围应力和载荷变化而间接产生的事件，此类事件并不一定能连通压裂裂缝形成有效压裂体积[20]。水力压裂和诱发地震监测是非常规能源开发，特别是页岩气安全、有效开发的重要作业程序。水力压裂通过注入高压流体和地下应力扰动诱发地震活动：大多数与水力压裂有关的地震事件为小震级事件，即 $M_W \leqslant 3$，可统称为微地震活动；同时，一些较大震级的地震（如 $M_W > 3$）也可能因已有断层的活化而被触发，危及生产和公共安全。诱发地震活动包含与地下特征有关的重要信息，例如岩石破裂机理、裂缝发育特征和隐伏断层及孕震区等。微地震监测对储层特征识别至关重要，如裂缝几何尺寸描述和储层地质力学分析；大震级地震监测则主要用于潜在的地质灾害管理和预警[5, 7]。震级-频度关系也表明，相比于有感地震，小震级、低信噪比的微地震事件数目巨大。一方面，微地震监测是刻画小尺度裂缝发育和储层描述的重要手段，能有效地评价压裂效果和指导压裂施工[21, 22]。另一方面，小震级的微地震事件对于描述完备震级、断层活动、地应力变化、流体运移和孕震机制等至关重要[23]。

　　近年来，页岩气和地热等低碳能源开发热潮在全球兴起，我国已启动了多个二氧化碳地质利用与封存示范项目，这些领域直接关系到国家的能源安全与碳中和战略的实施，而且都涉及高压流体注入、采出和运移，需要开展实时诱发地震及微地震监测，进行储层动态监测和地震预警研究，以确保储层作业安全、高效地实施。目前，微地震监测技术是监测水力裂缝发育、评估压裂效果和指导压裂施工最有效的方法，也是页岩气开发的关键作业程序[3, 14, 16, 24, 25]：通过震源的时空分布规律，刻画裂缝的分布范围和几何尺寸，并研究诱发地震与压裂施工之间的关联性，对压裂作业效果进行评价和后续施工作业指导。

　　除了上述勘探尺度（<10 km），地震活动还发生在实验室和小型尺度（<1 km，如声发射等）、区域尺度（<100 km，如可感知地震等）和全球尺度（>100 km，如较大震级地震等）等多尺度范围[1, 26, 14]。研究表明，不同尺度的地震活动虽然在地震波形频率成分和释放的地震能量等方面大不相同，但都具有高度相似的物理过程[27, 28]。例如，毫米级裂缝和千米级断层产生的地震遵循基本相同的震源模型和机制、震级-频度关系和波场传播特征等。其中，震源半径、震级和地震可探测距离均随着震源角频率的增大而减小（图1-2）。在可控的实验条件下开展常规加载或压裂声发射监测实验能用于研究岩石破裂机理及裂缝扩展规律[29-32]。实验室尺度岩样加载实验和小型水力压裂现场试验搭建了实验研究与现场施工之间的桥梁，能辅助压裂施工设计和指导页岩气开采等[33, 34]。大尺度诱发地震监测可用于完善地震目录，描述地壳应力场和地球内部结构，并且直接关系到地震灾害预警和地震预报[35, 36]。由此可见，诱发地震和微地震监测在不同尺度的应用领域均具备较好的研究基础和可行性。

　　地震定位能提供震源位置和发震时刻等基本信息，刻画震源的时空分布和演化，是震级计算、地震活动性监测、震源机制和应力场反演等不同尺度地震监测数据处理与分析的重要基础。在实验室尺度，声发射震源的时空分布有助于揭示岩石破裂的微观物理机制和裂缝传播过程；在勘探尺度，微地震事件可用于刻画裂缝形态和评价储层改造效果；在区域尺度，较大震级地震和低信噪比余震的分布则能为构造和火山地震活动性评估提供重要信息[33]。随着近年来页岩气和地热等非常规能源的开发热潮在全球兴起，水力压裂等储层增产措施诱发了大量能够用于表征裂缝展布和发育的微地震事件。此外，数字化地震监测和现代密集台网观测技术的发展，使得观测和检测构造/火山地震前兆活动和余震相关的微弱地震事件成为可能。上述工业需求和研究背景给震源定位方法在抗噪性、自动化和实时化等方面提出了更高的要求。因此，针对新型波

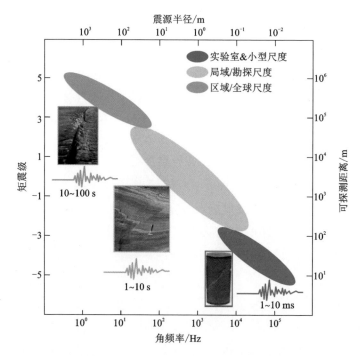

图1-2 不同尺度地震事件的角频率、震源半径、矩震级和可探测距离的比例关系[33]

形类震源定位方法开展研究，可以丰富地震学和地球物理学的内容，也能为不同尺度的实际地震监测工作提供必要的基础信息，具有重要的学术价值和实际意义。

　　需要说明的是，一般所说的地震定位是基于点源假设/模型，也就是认为震源的尺寸相比地震波长和震源到监测台站的距离而言很小，因此可以忽略震源尺寸大小的影响，将震源简化为没有质量、没有大小的点进行研究。但真实的地震破裂过程是复杂的，破裂尺寸可能从米级到百公里量级，破裂持续时间可以从微秒级到百秒量级。当地震震级较大、破裂尺度较大时，点源模型便不再适用，认为地震破裂是一个具有有限尺度的大地震，也就是有限断层模型。有限断层震源可以看成是多个点源的集合，其产生的地震波形记录可以看作是多个点源相应地震记录的延迟叠加。反过来，可以用滑动时间窗将台站的地震记录分成一些可视为点源记录的片段，通过确定不同时间窗的信号得到的各个点源的位置来构建整个大地震的能量辐射源随时间和空间变化的图像[37-39]。在天然地震学研究中，利用地球物理方法来确定大地震发生的位置和震源的破裂过程，精确测定发震断层的位置，可为震后指导救灾及灾后重建提供科学依据或参考。本书重点聚焦人类工业活动相关的诱发地震和微地震事件的定位研究和应用，这类事件一般都满足点源模型，因此本书的研究方法和内容主要针对地震点源模型。当然，两类震源的定位和成像方法之间也存在一些联系，适用不同震源模型的方法之间相互借鉴和交叉也是值得关注的研究课题。

1.2　地震定位的研究现状

地震定位是地震学、地球物理学和地质工程等领域的经典反演问题，一般指确定释放地震能量的震源的空间坐标和发震时刻[40]。自 20 世纪以来，地震定位作为经典的反演问题已经取得了重大进展。总的来说，地震定位方法经历了手动型、线性反演型、非线性反演型和数据驱动型四个重要阶段[40-42]。图 1-3 显示了地震定位方法发展历程的主要阶段和典型方法，图中灰色部分代表走时反演方法的基本分类，浅红色部分表示由于波形信息被直接用于震源定位而形成的数据驱动型方法。

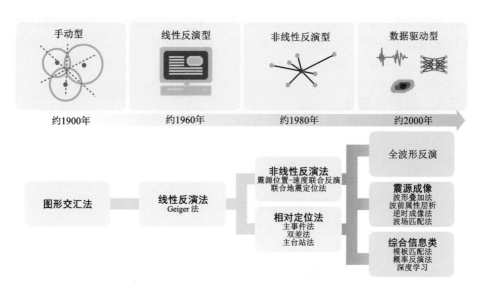

图 1-3　地震定位方法发展历程的主要阶段和典型方法[33]

最早的地震定位方法是基于手动三角测量的图形交汇法[43]。20世纪初，Geiger提出了基于迭代的线性化走时反演，为后续的数值定位方法奠定了基础[44]。自1980年以来，数字地震记录和计算机技术的发展使得非线性走时反演定位方法成为可能[41, 45-50]。走时反演法一直是主流的地震定位方法，其基本原理是通过搜索理论走时和观察走时之间的最小残差反演获得震源位置和发震时刻。此类方法需要进行初至拾取，并且只利用了初至波走时信息，因此也被称为基于拾取或基于射线的定位方法。为了改进方法，许多研究者在目标函数构造和反演策略两方面对方法进行了优化。走时反演法可以细分为下述类别，包括联合地震定位方法[51, 52]，相对定位法[53-55]，主台站法或干涉走时法[56-58]，震源位置和速度联合反演[59, 60]和双差法[27, 61, 62]等。

随着现代密集台网监测技术的发展，人们对数据量丰富且信噪比低的余震/前兆地震和微地震研究逐步深入。由于对多通道低信噪比数据难以实现快速、可靠的初至拾取，走时反演法的应用受到一定的限制。近年来，以微地震监测技术为代表的页岩气等非常规油气储层被动地震监测技术的兴起，加速了对自动化、实时化且抗噪性强的震源定位方法的研究进程。研究者们自然地借鉴反射地震勘探中偏移叠加的思想，提出了一些无须初至拾取、利用多道波形信息的自动震源定位方法[33, 63-70]，即图1-3中浅红色部分代表的数据驱动型阶段中的震源成像类方法。这类方法充分利用地震记录的走时和幅度信息，根据已知速度模型进行波场延拓或计算走时，无须震相拾取，且成像过程中能通过叠加多道波形来压制噪声，从而能比传统方法更好地适应低信噪比数据。

1.2.1 走时反演法

最初的震源定位研究出现在天然地震学中，其基本思想是利用直达波初至和地层模型来反演出震源的位置，其中大多是以经典的Geiger算法为理论基础的线性化方法[44]，如纵横波时差法、同型波时差法等[3, 71]，以及同时利用走时信息和水平分量偏振信息的偏振分析法，又被称作矢端图[72]。后来还发展了梯度法、牛顿法、全局搜索法、蒙特卡罗法等非线性定位方法[42, 73]。简而言之，基于走时反演的微地震定位方法的理论研究和实际应用都很丰富和成熟。从数学角度来看，其实质在于求解以观测到时和理论到时的残差所构造的目标函数，各种定位方法的差异和改进在于对目标函数的构造和求解方式的不同。近年来针对微地震走时反演法的代表性研究包括：宋维琪等研究了微地震贝叶斯差分进化反演方法[48]；盛冠群等提出了基于粒子群差分进化算法的定位方法[74]；谭玉阳等提出了一种改进的基于网格搜索的微地震震源定位方法，该方法能消除错误拾取的观测到时异常值对定位结果的影响[75]。

总的来说，走时反演法具有原理简单、方法成熟和容易实现等优点，是目前微地震资料处理中，特别是井中微地震事件定位最常用的方法。针对微地震信号能量弱、信噪比低的特殊性，以及井中监测检波器数目少和监测孔径小等实际情况，如何增加目标函数的约束、提高反演方法的稳定性和弱化定位结果对初至走时(速度模型)的依赖性等仍是走时反演类方法的研究方向。

1.2.2　波形类方法

根据图 1-3 所示地震定位方法的主要演变阶段可知：随着现代计算机的发展，地震定位方法在 1960 年左右取得了较大的发展，以圆形交汇法为代表的手动型定位方法被基于走时的最小二乘线性反演所替代，继而推动了走时反演定位法的快速发展；随着地震监测数据量的不断丰富，发展了联合反演法等非线性反演法和双差法等相对定位法，这些方法能明显改善地震定位的可靠性和准确性；1980 年以后，密集台站和宽带地震仪的安装引发了利用波形信息进行地震定位的研究和应用趋势。需要说明的是，本书的研究重点是新型波形类震源定位法，但走时反演定位法仍然是一类可靠且不断发展的方法，波形类方法的兴起并不会完全替代走时反演定位法，两类方法可以很好地相互补充和验证。

作为走时反演定位法的一种扩展，波形类定位法能同时利用幅度和相位信息。20 世纪末，有学者将基于波形信息的逆时成像法和波形叠加法应用于地震定位，初步验证了方法的可行性[76, 77]。21 世纪初期，传统油气勘探的反射地震学中的偏移叠加思想被借鉴应用于非常规油气开发监测中的微地震定位[78]。过去约 20 年中，波形类震源定位方法，特别是波形叠加定位法获得了蓬勃发展[33, 69]。波形叠加法的基本原理与主动地震勘探中经典的 Kirchhoff 偏移的原理相一致，都基于地震绕射的概念和原理[79, 80]。同样，其他新兴的波形类方法(例如逆时成像或匹配场处理方法)也是起源于声学领域的阵列处理技术[81-83]。波形类定位方法的成功应用得益于数据采集系统的持续发展。由于早期地震监测台站的稀疏性，基于单通道或小数目通道的定位技术(例如走时反演法)是主流方法。对于具有较低信噪比、大数据量的余震或微地震数据而言，这些技术所需的震相识别和初至拾取非常耗时，且主观性较强[84-86]。尽管不断发展和优化的自动识别算法可以确保高效的拾取过程[87-90]，针对低信噪比数据的可靠震相识别和初至拾取仍然具有挑战性。基于走时或射线的定位的局限性还体现在它们无法利用多通道信号之间的相干性[91, 92]，且无法利用续至波（如散射波）信息和考虑有限频率效应[62, 93]。

与传统走时反演法先震相拾取再定位（即先拾取再定位）的方法流程不同，波形类方法一般无须震相拾取，而是直接利用波形信息对事件进行检测和成像，从震源成像剖面中确定震源位置（即先定位后拾取）。走时反演法可以直接反演获得震源定位结果，而成像类方法获得的是表征震源能量聚集的成像剖面。目前，波形类方法主要包括波形叠加法、逆时成像法和全波形反演法等，而其中研究最成熟且应用最广的是波形叠加法。波形叠加法的核心思想是采用不同的偏移核函数进行波束形成，即挖掘走时和幅度之间的对应关系对地震波形进行叠加成像，聚焦震源能量，从而实现震源定位[63, 65, 94-97]。作为传统走时反演定位法的补充或替代方法，新型波形叠加法同时利用了地震波场的运动学信息（以走时为主）和动力学信息（以波形为主），其优势体现在以下三个方面：①通常无须拾取初至，避免走时误差，是数据驱动的自动定位方法，更具客观性；②适应低信噪比地震数据，特别适合现代密集台网监测的余震和微地震数据；③能与其他储层地质特征描述方法（如地震逆时偏移成像）更好地结合。表1-1列出了波形类地震定位方法在多尺度震源定位问题中的代表性研究案例。

表1-1　波形类方法的代表性研究案例

尺度	应用领域	参考文献
实验室和小型尺度	实验室声发射事件	［98, 99］
	小型压裂声发射事件	［34］
勘探尺度	合成事件及压裂诱发微地震事件	［65, 100, 95, 66, 101-106, 70, 107-110］
	矿震事件	［111, 96, 97, 112, 113］
	小震级天然地震事件	［114, 115］
区域和全球尺度	天然地震和地动事件	［63, 116-120, 91, 121, 122］
	火山地震事件	［123, 92, 124］
	余震事件	［125］

1.2.3　机器学习方法

随着机器学习方法在地震学领域理论和应用研究的深入，基于大数据思维的机器学习方法表现出了巨大优势，微地震处理与反演方法迎来了新的发展机遇[126]。机器学习（machine learning，ML）作为人工智能的一个重要分支，已被成功地应用于解决地震学领域的诸多问题。以天然地震学为例，机器学习目前主要应用在地震数据自动处理、正演模拟、反演求解和其他探索性数据分析四类问题[127, 128]。

深度学习（deep learning，DL）算法是当前机器学习领域的重点和前沿。相比于传统机器学习，基于深度神经网络（deep neural network，DNN）的深度学习算法采用监督式或非监督式的分层特征自动提取和学习，具有学习能力强、适应性好、易于移植等优势。图 1-4 总结了深度学习算法在地震学中的研究和应用，特别是在地震事件检测和定位、地震模拟与成像等方面的应用已取得较大进展。由于深度神经网络具有强大的自动特征提取和深层非线性映射关系学习能力，深度学习在事件识别和震相拾取等分类处理问题中也取得了成功应用，并显著提升了传统地震目录的事件数目和分辨率[129-131]。

深度神经网络包括卷积神经网络（convolutional neural network，CNN）、循环神经网络（recurrent neural network，RNN）和图神经网络（graph neural network，GNN）等，这些神经网络都被广泛应用到地震定位的各个流程。卷积神经网络能够自动提取波形的特征信息，并且在处理大型地震数据集时也能获得较好的地震事件检测和定位结果，所以近几年被广泛应用到地震检测、震相拾取、震源定位等地震学领域[132-136]。循环神经网络与卷积神经网络的不同在于，循环神经网络擅长处理时间序列数据，具有记忆性、参数共享等特征，对于非线性特征的学习能力较强，它经常与其他深度学习算法或者传统地震反演方法相结合实现地震定位[137, 138]。图神经网络是一类基于深度学习和图结构数据的处理图域信息的方法，具有较好的学习性能和可解释性。McBrearty 等提出了一个基于图神经网络的监督学习模型，使用图神经网络来解决传统的地震定位和震级估计问题[139]。

地震定位完整的流程包括震相拾取、震相关联、震源定位、震级计算[140-142]。伴随着新技术的进一步发展，一些新的机器学习方法被应用到地震定位的某个或整个流程中，如基于机器学习的震相拾取方法：GPD[90]、

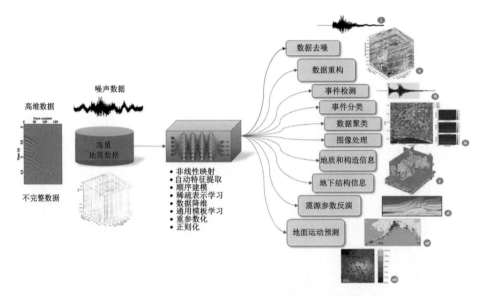

图1-4 深度学习在地震学中的研究和应用[131]

PhaseNet[143]、EQTransformer[144] 等，基于机器学习的震相关联方法：PhaseLink[145]、EQNet[146]等。对高效快速的地震目录构建方法的迫切需要，使得机器学习在自动地震处理中发挥了关键作用，形成了一些机器学习辅助的地震定位处理流程(表1-2)。

表1-2 五种代表性机器学习辅助的地震定位方法

方法名称	震相拾取	震相关联	定位方法	参考文献
EasyQuake	GPD	PhasePApy 1D	HYPOINVERSE、HypoDD	[147]
RISP	PhaseNet	组触发	Hypo2000、HypoSAT、NLLoc	[148]
LOC-FLOW	PhaseNet	REAL	VELEST、HYPOINVERSE、HypoDD、GrowClust	[141]
QuakeFlow	PhaseNet	GaMMA	HypoDD	[149]
MALMI	EQTransformer PhaseNet	—	MCM	[115]

1.2.4　其他方法

本书对地震定位方法的分类主要是依据波形信息在定位过程中的参与程度，这并不是唯一的分类方式。根据不同分类条件还可以有多种不同的地震定位方法分类结果。除了上述方法之外，还有一些用于地震定位的综合或者混合方法，以及在地震精定位方面应用广泛的相对定位方法（如双差法）等[61, 55]。代表性的综合类地震定位方法有模板匹配方法[150]。该方法基于已有的模板事件，将待定位事件和模板事件进行波形匹配和拟合，是相对定位思想和波形信息的综合应用，对小震级事件定位也取得了较好的定位效果。由于本书的重点在波形叠加定位方法，因此对其他方法不做详细介绍，感兴趣的读者可以阅读和参考地震定位相关的综述论文和图书[42, 151, 33, 41]。

随着机器学习和深度学习在地震学领域应用的深入，地震事件检测和定位的研究也得到了进一步的发展，不同方法之间分类的界限也更加模糊。随着地震定位研究的深入，特别是对大量微地震事件精确定位的实际需求，将推动更多综合类地震定位方法的发展和应用。

1.3　本书主要内容

本书聚焦波形叠加地震定位方法与应用，综合计算公式分析、数值模拟计算、室内实验研究和实际数据处理等手段，对合成与实际诱发地震和微地震事件进行定位处理和优化研究，阐明了波形叠加地震定位的方法原理及其影响因素，并展示了其在多尺度地震定位中良好的应用效果和前景。本书内容共分为六章：

第 1 章是绪论。介绍了地震定位研究的重要意义和研究现状，重点阐述了走时反演法、波形类方法和机器学习方法三大类方法的研究现状，并概述了本书的主要内容。

第 2 章是波形叠加地震定位方法原理。对波形类震源定位方法的发展历程和方法原理进行了全面、系统的介绍，对比分析了波形叠加法、逆时成像法、全波形反演法和深度学习方法等方法的优缺点。

第 3 章是波形叠加地震定位方法的性能评价和优化。首先介绍了三维各向异性介质条件下矩张量震源复杂波场的有限差分数值模拟方法，基于合成微地震数据对波形叠加地震定位方法的影响因素进行了分析，提出了一种基于多参数指标的定位性能评价体系，揭示了速度模型、监测阵列和波形复杂度三类因素对波形叠加震源成像和定位的影响，为方法的应用优化提供了重要参考。

第4章是基于随机性优化算法的震源成像。介绍了三种典型的随机性优化算法——粒子群算法、邻域算法和差分进化算法的基本原理及其在波形叠加地震定位方法中的应用效果，并结合实际矿震数据提出了优化算法控制参数的优化流程，提升了算法的稳定性和可靠性。

第5章是波形叠加地震定位方法的多尺度应用。展示了波形叠加地震定位方法在室内压裂实验尺度、小型压裂实验尺度、注水和压裂微地震尺度及局域诱发地震尺度等多尺度地震定位的应用效果。

第6章是总结与展望。对全书的主要内容和取得的研究成果进行了总结和梳理，并对未来地震定位研究，特别是波形类震源成像方法与密集台阵监测和深度学习算法相结合的应用前景进行了讨论和展望。

第 2 章

波形叠加地震定位方法原理

2.1　波形类震源定位方法的兴起

以北美页岩气为代表的非常规油气资源的开发热潮推动了微地震监测技术的研究和应用。微地震监测是一种被动地震技术，能够通过微地震事件分析实现裂缝形态描述和刻画储层流体流动。微地震监测已被广泛应用于采矿、流体注入和采出、水力压裂施工以及其他地质工程作业监测[16, 17, 25]。被动地震监测已经在采矿业和地热开发监测中应用了六十多年[15, 152]。当前，微地震监测已是非常规油气资源水力压裂开采监测的重要作业程序[16, 153]。震源定位是微地震处理中最关键的一步，也是后续震源机制反演和地质力学分析的基础。在过去的十多年中，大量研究致力于改善波形类震源定位法[33, 69, 70, 97, 101]。这些研究的主要目的在于提高微弱地震事件定位结果的可靠性。根据地震震级-频度关系（Gutenberg-Richter 准则）[154]，小震级、低能量的微弱地震事件的数目随着震级的降低呈指数增长。由于检测和定位大量微弱事件能更好地表征岩石破坏和断层构造等，而利用波形叠加和成像的震源定位方法能更好地压制噪声，因此获得了广泛的研究和关注。随着页岩水力压裂技术的发展和应用，实验室水力压裂声发射（acoustic emission，AE）监测引起了人们的关注。声发射定位是地震定位方法的直接拓展应用，且走时反演定位法也是声发射定位的主要方法[155, 156]。近年来，随着计算机通信和存储技术的发展，声发射技术中发展了一类基于信号或波形的分析技术[157, 158]。波形叠加法和逆时成像法在定位高频声发射事件方面均显示出较好的初步结果[34, 159]。此外，地震监测台站的密集化以及区域和全球范围内地震记录数据量的增加，也是人们越来越关注波形类方法的另一个重要原因。地震信号与地壳所有尺度上的岩石破坏、断层和构造边界有关，而震源位置是表征这些破坏和构造特征最基本和最可靠的信息。基于波形的地震反演方法（例如地震偏移）仍然是目前地震成像领域的主流方法。因此，波形类定位方法有望为表征震源和地层结构提供直接的反演和成像的途径。

综上可知，诸多因素推动了波形类震源定位技术的兴起，这也为理解不同方法的区别与联系提供了一些思路。图 2-1 显示了以物理学或信息论的方式对地震定位方法进行分类的示意图，即不同定位方法在何种程度上利用了所有监测台站接收的所有地震信息。图 2-1 中 4 个不同的极点通过数据抽象程度和监测台站的密集程度相互关联，灰色到红色渐变代表波形信息在定位过程中的参与程度越来越高。以波形叠加法为代表的震源成像技术依赖于地震数据的密集采样，而间接但更灵活的反演算法（如走时反演和全波形反演）则无须基于阵列数据进行处理，对采样密集性要求更低。逆时成像法和波前属性层析成像

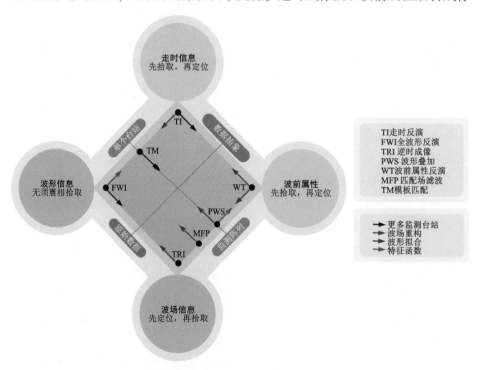

图 2-1　地震定位方法的分类和关系示意图[33]

法能通过数据抽象的程度来区分。走时和波前属性可以看作是原始波形数据的
抽象，并且系统地忽略了有关源的其他信息。全波形反演法虽然考虑了原始数
据包含的更多细节，但在实际应用中仍然存在计算量大、反演不稳定等困难。
波形叠加法很好地平衡了地震数据的冗余度，既考虑了密集采样条件下的初至
波波形信息，又应用了数据抽象后的走时信息，是目前最成熟也最成功的波形
类定位方法。图 2-1 中箭头表示地震监测仪器、波场重建以及数据抽象方法的
不断发展将促使不同方法逐渐接近、联系更加紧密。本章主要介绍波形叠加
法、逆时成像法和全波形反演法的方法原理和优缺点对比，其他波形类定位方
法，例如模板匹配法、匹配场处理方法和波前属性层析成像等方法的原理和应
用具体介绍可以参见相应文献[160-167]。

　　波形类震源定位方法的基本原理是利用特定的偏移或成像算子将震源辐射
的地震能量聚焦或重构到离散后的目标网格点。从理论上讲，这些方法都基于
弹性动力学的基本表示定理——Kirchhoff-Helmholtz 公式和惠更斯原理[168-172]。
这些定理阐明了地下区域内任何点的弹性波场都可以通过对周围波场及其在封
闭表面的法向导数的加权积分来完全重建。这些定理为地震成像提供了理论框
架，也是勘探地震学中经典偏移技术 Kirchhoff 偏移的理论基础[173]。如图 2-2 所
示，数据域的地震记录是地震波从震源向检波器或监测台站的正向传播，而波

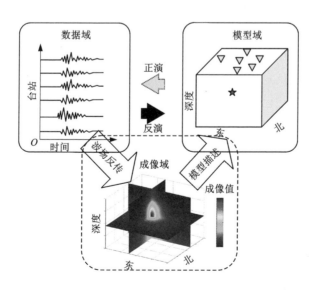

图 2-2　波形类震源定位方法的基本原理示意图[33]

形类定位方法进行震源成像的过程可以看作是地震能量从检波器向震源区域的反向传播。因此，也可以认为波形类震源定位法是基于互易性定理，即正向传播的地震记录可以反向传回至震源区域，并描述模型域的震源特征。当前，绝大多数波形类定位法都是绝对定位法。相对定位法获得的是相对于已知主事件的震源位置，并且常用于高精度的重定位过程中。虽然已有一些基于波形的相对定位法的创新性研究[97, 120, 174]，但是本书主要研究波形类绝对定位方法。

2.2 波形叠加地震定位方法

波形叠加地震定位方法的起源可以追溯到 1990 年代。Kiselevitch 等提出了最早的地震发射层析成像技术，利用多通道波形幅度在时空上的相似度最大值来检测和定位地震事件[77]。在此基础上，发展了被动地震发射层析成像技术，它可以通过地面监测的被动地震波形进行震源能量的成像[78]。这种方法对低信噪比地震数据也能有较好的定位效果，其基本思想与勘探地震学中的绕射叠加(diffraction stacking，DS)原理相同，即利用震源到检波器的单程走时叠加相应的波形幅值。绕射叠加震源定位法已被成功应用于天然地震定位[116]和固体矿床、地热开发和油气储层等诱发的微地震定位[96, 101, 111, 103, 175, 105, 176]。

除绕射叠加算子外，互相关叠加(cross correlation stacking，CCS)算子是另一种比较成熟的可用于震源定位的叠加算子[177]。该算子是基于震源到不同检波器位置的走时差信息对互相关波形进行叠加成像，因此也被称作干涉叠加或互相关偏移。该方法已被用于微地震监测[70, 178, 104]，火山地震监测[179, 121]，矿震监测[97, 180]和天然地震定位[91, 92, 181]。上述两种用于震源定位的叠加算子可以被统称为波形叠加法。波形叠加法主要是利用了初至波的波形信息，目前还无法可靠地识别和利用续至波信息。因此，波形叠加地震定位方法也被称作基于部分波形的叠加法(partial waveform stacking，PWS)。

利用波形叠加地震定位方法对震源进行定位的基本步骤为：①将目标定位区域按一定网格尺寸进行离散，根据给定的速度模型，利用射线追踪或解程函方程等方法计算目标定位区域内所有网格点到各检波器的理论初至走时；②将所有检波器接收的地震记录在观测时窗内进行预处理和求取特征函数等，得到包含实际观测走时或走时差信息的输入道集记录；③对输入道集记录乘以包含理论走时或走时差信息的成像算子，进行波形叠加和成像；④将所有输入道集的成像剖面进行叠加，得到表征震源位置的最终成像结果；⑤从最终成像结果中提取最终定位结果，一般直接将最大成像值的位置取为震源位置，也可以先对成像剖面进行高斯滤波或转换为概率密度分布剖面等[101, 151]后期处理后再提取震源位置。

在第①步中，将模型进行网格离散时应综合考虑实际监测目标和定位区域的尺寸、微地震信号的频率特征等。微地震记录中的主要频率成分将决定主导波长和第一菲涅耳带半径，而这些参数将直接影响波形叠加类方法的成像分辨率上限。网格尺寸和输入波形的信噪比与分辨率等将共同决定最终成像剖面的分辨率。例如，当进行较大尺度的地质构造监测时，微地震信号频率一般也比较低，此时应使用较大的网格步长；当对矿山隧道等岩体施工进行监测时，此时定位区域相对较小，岩石破裂激发的声发射信号频率也较高，应采用较小的网格步长。另外，速度模型的选取也应根据实际情况而定。当进行局域或区域尺度地震监测时，可以选取简化的均匀模型或平层模型；当进行油气储层监测时，一般利用声波测井或三维地震勘探的资料建立速度模型。

在第②步中，如果直接对连续观测的地震信号进行处理，应采用移动的观测时窗。时窗的长度应大于可能的最大波长，以保证时窗内波形的完整性。另一种方法是先对观测信号进行初步的有效事件识别，然后将连续信号按固定时窗长度进行截断，截断后的信号将与各事件一一对应。另外，由于微地震信号的低信噪比和复杂震源机制导致的波形极性变化，采用原始波形进行叠加成像很难获得准确、理想的定位结果。目前，一些学者已经验证了波形包络、长短时窗比(ratio of short time average to long time average，STA/LTA)、相似性系数、相似加权系数等特征函数(characteristic function，CF)的可行性[111, 99, 102, 182, 183]。

在第③步中，目前两种通用的成像算子是 Kirchhoff 型的绕射叠加算子和干涉型的互相关叠加算子。

2.2.1　绕射叠加法和互相关叠加法

如图 2-3 所示，绕射叠加算子和互相关叠加算子分别基于震源到检波器的单程走时和震源到检波器对的走时差。两种方法的计算公式分别为

$$S_{DS}(\boldsymbol{x}, t_0) = \sum_{i=1}^{N} \sum_{\tau=0}^{t_{max}} u(\tau, i) \delta(\tau - \tau_{i, \boldsymbol{x}}) \tag{2.1}$$

$$
\begin{cases}
C(\tau, i, j) = \sum_{t_i = 0}^{t_{max}} u(t_i, i) u(t_i + \tau, i) \\
S_{CCS}(\boldsymbol{x}) = \sum_{i=1}^{N} \sum_{j=i+1}^{N} \sum_{\tau=0}^{T_{max}} C(\tau, i, j) \delta(\tau - (\tau_{i,x} - \tau_{j,x}))
\end{cases}
\tag{2.2}
$$

式中：S_{DS}、S_{CCS} 分别为 DS 和 CCS 的成像值；t_0 为激发时刻；u、C 为输入波形及其相应的互相关波形；t_{max}、T_{max} 为两种波形的时间长度；N 为检波器数目；δ 为狄拉克 Delta 函数；$\tau_{i,x}$ 为震源 $\boldsymbol{x}$ 到检波器 i 的理论走时。

激发时刻在互相关运算中被抵消了，这使得激发时刻这一参数从震源定位问题中解耦，基于绕射叠加算子的四维问题被简化为震源干涉成像的三维问题。这不仅能大幅减少计算时间，还能避免激发时刻对定位结果产生影响。不同的走时信息对应不同的基本成像形态，而基本成像形态也决定了基本的成像分辨率特征。对于绕射叠加，成像算子中只包含唯一的未知变量，即目标震源位置到检波器的走时。在二维均匀介质条件下，该走时相同的震源位置会出现在以该检波器位置为圆心的圆弧上，因此它们在二维(三维)情形下对应的基本成像形态为圆弧(球面)交叉叠加形态，在二维成像剖面上表现为圆弧状的条纹假象。对于互相关叠加，成像算子中的未知变量是目标震源位置到一个检波器对的走时差。在二维均匀介质条件下，该走时差相同的震源位置会出现在以两个检波器位置为焦点的双曲线上，因此它们在二维(三维)情形下对应的基本成像形态均为双曲线(双曲面)交叉叠加形态，在二维成像剖面上表现为双曲状的条纹假象。干涉成像的思想也已被成功地运用在基于走时反演的震源定位方法中，Zhang 等和王璐琛等分别称其为基于台站对的双差法和干涉走时法[58, 184]。Wu 等将反褶积干涉测量法与干涉互相关偏移法相结合，消除了源小波平方项，提高了最终成像分辨率及定位精度[108]。Huang 等将小波变换方法应用到地震干涉成像法中，在时频域中从能量角度抑制随机噪声干扰，相对于传统的地震干涉定位法，该方法提高了微地震定位的精度，受噪声影响小，同时还能获得信号的时频特征[185]。Wu 等在干涉震源成像法中引入了控制模糊效应的 Hessian 矩阵，提出了基于 Hessian 矩阵的最小二乘干涉震源定位法，该方法在空间分辨率上有了显著的提高[186]。

与震源位置相比，激发时刻是相对次要的参数，既可以结合施工参数和地震记录进行初步估算得到，又可以利用观测到时减去已定位震源的理论走时获得。本书中有关定位结果的讨论主要考虑震源空间位置参数，而忽略对激发时刻结果的分析。

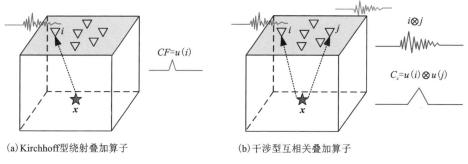

　　（a）Kirchhoff型绕射叠加算子　　　　　　　（b）干涉型互相关叠加算子

图 2-3　两种典型的震源成像互相关叠加算子示意图

2.2.2　相对叠加法

　　将波形叠加地震定位方法（如上述绕射叠加法和互相关叠加法）与相对定位法结合便可以得到相对叠加法[120, 174]。

　　相对定位法，顾名思义，利用待定位的目标事件和已知的主事件之间的相对信息进行定位的方法。一般情况下，由于主事件和目标事件具有相近或重复的传播路径，相对定位法能有效弱化速度模型对定位结果的影响[56]。双差法（double-difference，DD）是最具代表性的走时反演类相对定位法[61]。所谓双差，即目标事件和主事件到检波器的理论走时差与观测走时差的残差，双差法就是通过最小化该残差值以获得震源定位结果。最近，Guo 和 Zhang 又在传统双差法的基础上提出基于两个震源到一个检波器对的双重走时差的相对定位法，该方法相比传统双差法具有更低的定位不确定性[187]。

　　近年来，相对定位法在微地震定位中的研究和应用越来越多。Rutledge 和 Phillips、Eisner 等的研究表明水力压裂诱发的微地震事件同样存在类似于天然地震余震的多重事件[153, 188]。Poliannikov 等提出了适用于水力压裂微地震定位的干涉测量法[189]。Grechka 等应用两点旁轴射线追踪发展了一种适合地面微地震监测的相对定位法，并提出引入多个主事件以避免目标事件和主事件的距离过大以及速度突变对定位的影响[55, 190]。Tian 等将双差法应用于单井微地震监测，并将其扩展为交叉双差法[191]。传统双差法利用不同地震事件相同震相的时差，而交叉双差法则利用不同地震事件的不同震相的时差。

Grigoli 等通过引入根据主事件确定的台站时差校正项，将传统的绕射叠加成像拓展为主事件波形叠加法[120]。Li 等将相对定位思想与互相关叠加法相结合，提出了两种波形叠加类相对定位法——相对互相关叠加法和联合互相关叠加法[97,174]。初步研究表明：相对叠加法兼具波形叠加法和相对定位法的优势，既能适应低信噪比数据，也能有效弱化速度模型对定位结果的影响，在微地震定位中具有非常良好的应用前景。

2.2.3　基于波形的深度学习定位方法

随着数字化地震监测技术的不断进步以及现代密集台网观测技术的快速发展，微地震监测通常依托于高密度的台阵网络展开。这些台阵网络由数十至数百个地震检波器组成，因而能够捕捉到大量的地震波形数据。由于数据量巨大，需要对这些波形数据进行高效而精细的处理和反演分析，因此，基于波形的机器学习类地震处理和反演方法应运而生，特别是深度学习算法在微地震事件检测和定位中呈现出较好的应用前景。

Perol 等首先提出使用卷积神经网络进行地震检测和定位，提出了适用于单个台站地震波形数据的卷积神经网络——ConvNetQuake[132]。该网络将地震检测作为监督分类问题，根据输入的单台三分量地震波形，经过 8 个卷积层组成的前馈堆叠进行，然后由全连接层进行输出对地震位置的分区预测。Lomax 等对该卷积网络进行改进并提出了新的卷积神经网络定位方法——ConvNetQuake_INGV[192]。通过修改网络，在 ConvNetQuake 的基础上加了一个卷积层，这种方法具备自动检测和定位地震事件的能力，并且能够提供更为丰富的输出类别，从而实现对地震事件更精细的分类。因为 ConvNetQuake 只利用了单台站的三分量地震数据，可以检测到的震源信息十分有限，因此 Kriegerowski 等将多台站的三分量全波形信息输入到 CNN 中对震源位置进行预测，并将该方法应用到波西米亚西部所记录的 2000 多个地震事件进行定位，与使用双差定位法所得到的标准目录相比，卷积神经网络方法成功定位了其中的 908 个地震事件，并且计算效率大幅度提升[133]。Mosher 和 Audet 将时延投影映射法与神经网络分类器相结合，使用站点网络来检测和定位地震，与地震目录中检测到的事件数量相比，该网络检测到的事件数量约为其 5 倍[193]。Kuang 等提出了一个新的基于深度学习的地震震源定位成像条件（DLIC），通过利用卷积神经网络的图像识别能力来改进偏移成像定位，解决了地震定位中的波形极性反转问题，增强了偏移成像的聚焦效果，并在南加利福尼亚州的实际数据应用中验证了该方法的有效性和应用前景[194]。

　　基于卷积神经网络的定位方法的成功应用为全卷积神经网络(fully convolutional network，FCN)在地震定位中的应用奠定了基础。Zhang 等提出了地震定位的 FCN 模型(图 2-4)，该方法将地震定位结果近似为三维高斯概率，通过网络模型学习地震波形与定位结果三维分布之间的映射关系，并将该方法应用到监测俄克拉何马州的地震活动，快速可靠地完成了地震定位任务[134]。Zhang 等利用全卷积神经网络开发了一个新的地震预警系统，该方法能直接从地震波形中学习其隐含特征，不需要人工干预定义特征，在检测地震事件的同时能够预测震源位置，进一步提高了模型的性能[195]。

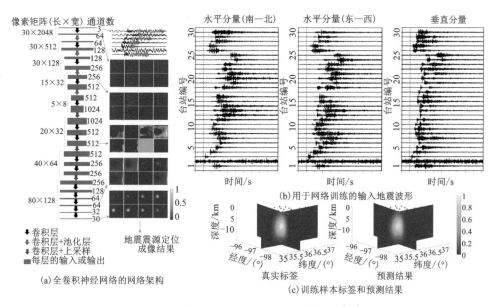

(a)全卷积神经网络的网络架构

(b)用于网络训练的输入地震波形

(c)训练样本标签和预测结果

图 2-4　基于全卷积神经网络的地震定位[134]

　　van den Ende 和 Ampuero 提出了基于深度图神经网络的震源反演方法，并在输入端加入了地震台站之间的位置关系信息，进一步提高了地震定位的可靠性[196]。Yoma 等采用长短时记忆网络 (long short-term memory，LSTM)估计火山事件的震中位置，利用 LSTM 网络来捕捉波信号的相关特征，即 P 波和 S 波，同时丢弃时间数据序列中的无关信息，即噪声，以达到端到端反演的目的[197]。

该框架包含数据处理部分、多层 LSTM 以及全连接层。Ma 等构建了一种基于波形定位的全卷积神经网络——MS-location Net,该网络包含 19 个卷积层、5 个池化层和 2 个转置卷积层,以原始波形数据作为输入,输出监测区域的三维高斯分布函数[136]。该方法被验证能够有效定位微地震事件,它提高了定位效率,对信号中的噪声不敏感,并且能够自动批量处理微地震事件,而无须进行 P 波拾取或提供速度模型。

近年来,深度强化学习也被应用到地震定位中。Wu 等提出了一种基于深度强化学习的动态模型,用于定位地下浅层震源,通过在定位模型收敛过程中,以真实震源和模拟震源的位差为奖励,以搜索方向为行为函数,对整个网络进行基于强化学习的训练[198]。Kuang 等利用深度强化学习开发了地震定位机器人(EQBot),通过从波形中学习,实现了自主地震定位,其定位误差与目录位置相当,同时能够自动进行质量控制,为地震定位的全自动化提供了新的解决方案[199]。

总的而言,深度神经网络无论是在辅助地震定位(例如通过优化震相识别、波形转换和震源成像结果等),还是直接应用于震源定位和波形叠加震源成像中均具有良好的应用前景。但是,目前在制作震源成像标签时通常只是利用简单的高斯分布,忽略了波形数据和震源成像结果本身携带的物理信息,因此有待充分挖掘波形叠加成像结果中的约束信息,进一步优化基于深度学习的微地震震源成像。

2.3 其他波形类地震定位方法

2.3.1 震源扫描法

震源扫描类方法起源于 Kao 和 Shan 提出的震源扫描法(source scanning algorithm,SSA),通过将研究区域的每个网格节点在任何时间都假设为一个潜在的能量源,将每个台站预测的 P 波和 S 波的到达时间的地震段进行叠加,可以得到与空间和时间相关的亮度峰值,即可能事件[63]。该方法与绕射叠加法非常相似,本质上也属于波形叠加类定位方法,只是 SSA 方法最初起源于俯冲带慢地震等天然地震事件的连续事件波形扫描和定位。SSA 也不需要进行走时的识别和拾取，在所有的时间和空间中搜索可能事件，是在震相识别和关联模糊困难情况下的理想选择，但是不断地叠加，会产生大量的可能震源位置，导致需要在事件检测的灵敏度和错误率之间进行权衡。

为了解决上述问题，Tan 等提出了适用于实时监测的基于自动选相的地震扫描方法（seismicity-scanning based on navigated automatic phase-picking，S-SNAP），该方法融合了波形叠加和震相拾取，可以成功地描述由密集（间隔<1 km）地震阵列记录的局域的（<10 km）诱发地震序列[200]。S-SNAP 包括震源扫描、震相拾取、震源定位和震级计算四个部分（图 2-5）。其中震源扫描利用的是 SSA 的改进版本（ISSA）[86]，通过考虑每个可能的空间和时间组合来搜索事件，利用初步扫描的结果来完成有限地震图段内 P 和 S 震相的自动挑选过程，然后利用基于峰值的 P 和 S 震相选择器的简化版本确定精确的起始时间。震源定位利用最大交点定位法[57]来定位震源扫描确定的潜在事件。最后使用南加利福尼亚地震台网（Southern California Seismic Network，SCSN）与台站校正信息来计算震级。

2020 年，Tan 等对原有的 S-SNAP 方法进行了修改，降低了震相拾取的错误率，加大了对 P 和 S 震相之间的所有震相对的利用程度，使其可以实时监测发生在较大空间尺度（>100 km）、台站覆盖更稀疏（站距在几十千米以上）记录的大地震序列，同时缩短数据处理时间[201]。改进的 S-SNAP 方法能够探测到更多的事件，具有更高的定位精度，可以成为常规地震处理的有力工具，支持更精细的地震学和地球物理研究。

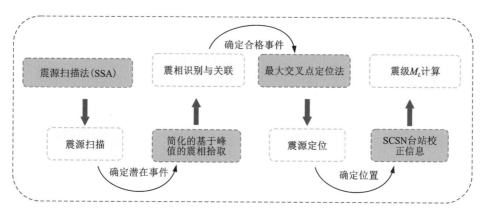

图 2-5 S-SNAP 流程图

Liang 等提出了一种震源机制和震源位置联合反演的方法，该方法被称为联合震源扫描法（joint SSA，jSSA），现场实际数据应用表明，该方法相较于 SSA 可以检测到更多的事件，并且 jSSA 的结果能更好地解释裂缝的连续性[106]。因为 jSSA 的计算成本过高，无法满足工业生产中实时监测的要求，Yu 等开发了几种新的扫描模式来提高效率，多级扫描方案同时也保持着较高的准确性[202]。Wang 等提出了一种新的震相关联和震源扫描方法，将波束搜索和网格搜索技术结合应用到震相关联，并同时定位地震事件的准确位置，该方法被称为基于波束搜索的震相关联和震源扫描方法（beam search-based phase association and source scanning，BSPASS）[203]。使用具有不同台站间距的两个地震台网的合成走时，检验了 BSPASS 方法的实用性和准确性。该方法应用到 2018 年珀塞尔山地震实际数据中证明了其检测能力强，且具有较强的鲁棒性。

2.3.2 逆时成像法

逆时成像法（time reverse imaging，TRI）是基于时间反转的理论和技术而形成的。该理论最早出现在医学和无损检测领域[81]。时间反转理论能稳定地聚焦震源/声源能量。目前，逆时成像法已被证明是海洋声学和地震学等领域可靠的定位方法，且正在发展成为一种标准和成熟的震源定位方法[64, 204-206]。在逆时成像法中，将所记录的完整波形沿时间轴取反后再向外传播以聚焦震源能量，其理论基础是惠更斯原理和弹性波方程的互易性（图 2-6）。理论上，该方法与勘探地震学中的逆时偏移技术具有相同的本质，两者都是基于波场的逆时不变性，且都需要准确的速度模型以实现地震能量的最佳聚焦[207-209]。逆时偏移的输入数据包括正向波场和逆时波场，目的是对速度结构成像，而逆时成像法仅通过逆时传播地震记录以聚焦震源能量，实现震源定位。逆时成像法的实现主要包括三个步骤（图 2-6）：首先将所有接收器处记录的地震记录在时间轴进行反转；然后使用时间反转后的地震记录进行波场的反向模拟和延拓；最后采样特定的成像条件或聚焦准则[式（2.3）~式（2.5）]进行震源能量聚集，确定震源激发时刻和空间坐标。

除了被称作逆时成像法[205, 210-212]，这种定位方法还被称为逆时建模[64, 213, 214]、逆时外推[215]，逆时偏移[216]等。诸多研究验证了逆时成像法在实验室尺度和区域尺度上进行震源定位的可行性。逆时成像法在地震定位中的应用最早是由 McMechan 提出的[76]。Gajewski 和 Tessmer 用二维和三维合成数据

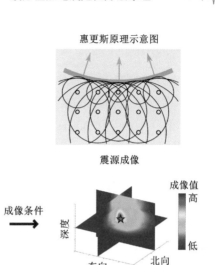

图 2-6 逆时成像法原理示意图

进一步证明了其应用于低信噪比事件的可行性，并指出了该方法在被动地震监测中检测和定位微弱事件的巨大潜力[64]。Steiner 等将该方法应用于油气储层产生的低频微动事件，表明该方法可以为储层定位提供一种可能的技术，同时指出不同震源机制对应的辐射特征会显著影响定位精度[213]。Zhu 通过补偿介质衰减，提升了逆时成像定位的可靠性[214]。Werner 和 Saenger 通过三维数值算例系统研究了台站分布、速度模型和信噪比对于影响逆时成像定位结果的重要性，并获得了在现场尺度应用逆时成像法的几个先决条件：台站间的距离应小于震源深度、监测阵列孔径应至少为震源深度的 2 倍、增加台站数量可以削弱噪声的影响、复杂速度模型造成的复杂散射信号可以提高定位精度[217]。

式(2.3)~式(2.5)列出了目前逆时成像法中三种常用的成像条件：算术平均成像条件、几何平均成像条件和混合乘积成像条件。

$$I(\boldsymbol{x}, t) = \sum_{i=1}^{N} R_i(\boldsymbol{x}, t) \tag{2.3}$$

$$I(\boldsymbol{x}, t) = \prod_{i=1}^{N} R_i(\boldsymbol{x}, t) \tag{2.4}$$

$$I(\boldsymbol{x}, t) = \prod_{j=1}^{g} \sum_{k=1}^{n_j} R_{(j-1) \times n_j + k}(\boldsymbol{x}, t) \tag{2.5}$$

式中：$\boldsymbol{x}$ 为震源坐标；t 为时间；N 为检波器的总数；R_i 为逆时传播波场；g 为检

波器分组的数目；n_j 为每组中检波器的数量，即 $\sum_{j=1}^{g} n_j = N$。

最大的逆时成像值所对应的震源坐标和激发时刻被认为是所求的震源参数。式(2.3)表示所有检波器逆时波场的求和，将导致整个波场传播路径出现非零值。Nakata 和 Beroza 将每个空间和时间样本上的所有接收器逆时波场相乘，提出了几何平均成像条件[式(2.4)][216]。该成像条件可以降低计算成本，并且乘积运算意味着成像剖面仅在震源能量聚集位置有非零值，提高了震源成像结果的空间分辨率。为了更好地平衡逆时成像的计算效率和成像分辨率，Sun 等提出了一种基于检波器分组的混合乘积成像条件[式(2.5)][212]。合成数据和现场数据均表明该方法在微地震震源成像中的可行性和优越性[218]。

2.3.3 全波形反演法

全波形反演(full waveform inversion, FWI)是一种基于波形匹配技术的地球物理反演方法，该方法通过将合成的理论波形和观测的实际波形之间的残差最小化实现模型参数的求解[219]。各种全波形反演法的不同之处体现在目标函数构造、反演策略以及反演参数等方面。日益发展的计算机技术和目标函数梯度的快速计算方法，例如伴随状态法[220, 221]，是推动全波形反演应用于实际数据的两个关键因素。应用全波形反演法进行震源定位的常用目标函数如下：

$$F(\boldsymbol{m}) = \frac{1}{2} \sum_{i=1}^{N} \| u_i^{\text{syn}}(\boldsymbol{m}) - u_i^{\text{obs}} \|^2 \qquad (2.6)$$

$$F(\boldsymbol{m}) = \frac{1}{2} \sum_{i=1}^{N} \| u_i^{\text{syn}}(\boldsymbol{m}) - u_i^{\text{obs}} \|^2 + c \| \boldsymbol{m} \|_1 \qquad (2.7)$$

$$F(\boldsymbol{m}, \boldsymbol{v}) = \sum_{i=1}^{N} \| u_i^{\text{syn}}(\boldsymbol{m}, \boldsymbol{v}) * u_{\text{ref}}^{\text{obs}} - u_i^{\text{obs}} * u_{\text{ref}}^{\text{syn}}(\boldsymbol{m}, \boldsymbol{v}) \|^2 \qquad (2.8)$$

式中：$\boldsymbol{m}$ 为震源参数向量；u_i^{syn}、u_i^{obs} 分别为合成数据和观测数据；N 为检波器的数量；c 为控制震源稀疏模型的权重系数；$\boldsymbol{v}$ 为速度模型；$*$ 表示卷积算符；u_{ref} 为选定的参考道的数据。

式(2.6)和(2.7)是常用的目标函数[222-225]，而式(2.8)是最近由 Wang 和 Alkhalifah 提出的[226]，该目标函数通过将参考道与合成数据和观测数据分别卷积而解耦了未知的激发时刻。应用全波形反演法进行震源定位时，可以通过上述目标函数对震源进行反演和成像，并可以同时反演速度模型(图2-7)。

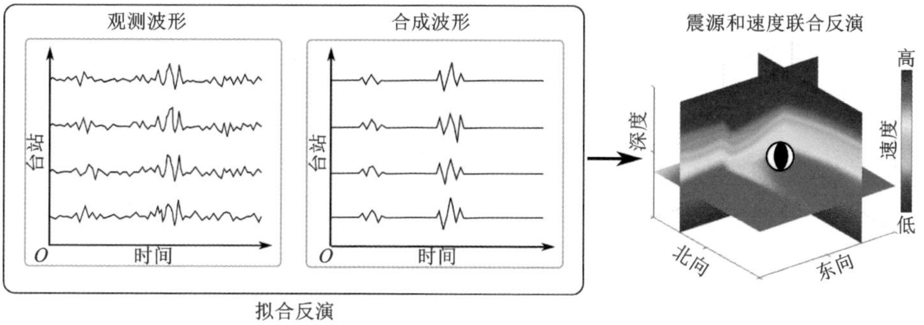

图 2-7　全波形反演法原理示意图

　　在天然地震学中，全波形反演法被应用于地震定位和震源机制反演已经有 20 多年的历史[227-229]。Wu 和 McMechan 在假设速度模型和震源时间函数已知的前提下，使用全波形反演确定了二维条件下合成双力偶源的空间坐标和激发时刻[227]。全波形反演应用到微地震定位的主要优势在于微地震事件的持续时间短，震源子波一般可以通过 Delta 函数近似表示，因此无须反演震源时间函数。最近的研究试图将速度模型包括在全波形反演震源定位的目标函数中[如式(2.8)]。在被动地震监测的背景下，Michel 和 Tsvankin 采用基于伴随状态的全波形反演法先后反演了震源参数（包括震源位置、原点时间和矩张量）和速度模型，基于具有垂直对称轴的横向各向同性（VTI）二维分层介质的合成算例验证了反演方法的可行性[222, 223]。Sun 等将全波形反演技术与逆时成像相结合，获得了最小二乘逆时成像法。该方法在经过足够数量的迭代后可提供准确的震源参数，而这些反演的震源参数可以加入后续的全波形反演中，以更新速度模型[230]。Kaderli 等测试了一种基于声波的全波形反演法，该方法通过交替更新震源的空间坐标和激发时刻参数反演均质速度模型条件下的震源时空参数[224]。Shekar 和 Sethi 通过研究微地震定位问题中固有的稀疏性，提出在目标函数中增加一个正则化项[式(2.7)]，并且利用二维 SEG/EAGE 逆冲断层模型的合成算例验证了方法的可行性[225]。利用全波形反演进行震源位置和速度联合反演的研究仍局限于二维的声波波场（即不考虑横波波场），而现场数据表明实际微地震记录的能量通常含有较强的横波（特别是对于离震源较近的井中监测）。此外，目前应用全波形反演法进行震源定位时通常假设震源机制是简单的各向同性爆炸源。因此，全波形反演法应用于实际数据的效果还有待进一步考察。

2.3.4 方法对比

波形类定位方法是通过震源能量的反向传播来实现震源定位(图2-2):逆时成像法(TRI)通过地震波场的反向传播聚集震源能量,而其他方法则通过地震波形和/或走时和波场互易性原理实现震源成像。波形类定位方法中的波场反向传播和成像的过程也可以看作是一种具有成像函数的广义波束形成(见2.4小节)。虽然两者利用了相同的波形叠加思想,但波形叠加法(PWS)与波束形成法至少有两个主要的区别[97, 83, 91]:①波束形成所解决的问题是确定震源能量到达的方向,而不是确定震源的时空分布;②波形叠加法只在特定的时窗内叠加特定震相(通常是初至波)的波形,而波束形成方法是沿时间轴叠加所有观测震相的波形,一般的波束形成值等于波形的自相关和时延波形的互相关的总和,并且互相关项主导着整个波束形成结果。

波形类定位方法的一个显著优点是能够较好地压制噪声,但是这些方法利用了不同程度的数据冗余。基于单道波形的特征函数的绕射叠加法没有考虑多道波形之间的相关性,而基于多道波形相似性的特征函数的互相关叠加算子则利用了不同记录道之间的相关性,增加了目标函数的约束信息。逆时成像法(TRI)和全波形反演法(FWI)由于利用了包括直达波、散射波和多次波在内的全部波形,比波形叠加法利用的初至波具有更广的照明范围,因而理论上可以更准确地反演震源位置和速度模型。这三种方法的区别还体现在基于射线和基于波动方程的建模技术。波形叠加法利用的走时可以被认为是原始地震记录基于射线的一种抽象信息,而逆时成像法和全波形反演法都需要进行基于波动方程的波场模拟。一般来说,波形叠加法只要求震源到检波器射线路径上的平均速度模型足够准确即可,而逆时成像法和全波形反演法还需要保证速度模型能够产生准确的散射波和多次波。这意味着,相比于波形叠加法,另外两种方法需要更加准确的速度模型以实现更加可靠的震源能量聚集,而这在实际条件下是很难达到的。因此,波形叠加法是目前来说最成熟、最稳定的方法,而其他两种方法还需继续优化成像函数和成像条件以改善方法的性能。

如前所述,所有波形类定位方法都具有速度模型依赖性——波形叠加法需要根据速度模型计算理论走时表,逆时成像法和全波形反演法需要速度模型实现地震波场模拟。相比于常规地震勘探中的炸药或锤击震源,微地震事件具有更高的主频成分,特别是井中监测数据通常在1000 Hz左右。目前能获得的速度模型比较粗糙和平滑，只能用于拟合实际数据中的低频、长波长成分，而难以实现逆时成像法和全波形反演法要求的包含全频段、所有震相的波场模拟和波形拟合。震源位置和速度模型联合反演是一个有潜力的研究方向。虽然目前已有基于全波形反演和波前属性参数的联合反演研究[167, 226]，但更好地理解和利用速度模型在波形类定位方法中的作用仍然是一个挑战。逆时成像法和全波形反演法的另一个缺点是计算成本较高，因为在波场模拟和波形拟合过程中需要存储和传输大量波形数据。此外，稀疏监测阵列或有限的空间覆盖将导致波形数据的空间采样不足，将直接影响震源成像的分辨率。

随着机器学习技术的快速发展，基于机器学习的地震定位方法逐渐引起了人们的广泛关注。机器学习类定位方法具有诸多优点，面对海量地震数据时，它们能够充分利用部分或全部波形信息，从而可以大幅提高地震定位的精度和效率，推动了地震监测和研究的进展。然而，这些方法也存在一些限制。它们依赖于大量的训练样本，因此在前期训练阶段需要投入较高的成本和资源。这需要建立高质量的数据集，并对模型进行持续的优化和训练，以确保其准确性和可靠性。

综上，四种波形类定位方法的优缺点总结如表 2-1 所示。

表 2-1　四种波形类定位方法的优缺点对比

方法	优点	缺点
波形叠加法	灵活的特征函数； 联合反演震源机制； 只需平滑的速度模型	只利用了初至波； 需要密集监测台阵
逆时成像法	利用全波形信息	需要准确的速度模型； 需要较好的方位覆盖； 计算成本高
全波形反演法	利用全波形信息	需要准确的速度模型； 计算成本较高； 高度非线性
机器学习法	利用部分或全部波形信息； 反演效率高； 适合海量数据	依赖训练样本； 前期训练成本高

2.4 反投影与波束形成技术

　　常规的地震定位都是基于点源模型而言的，对于具有更大震级和震源尺寸的有限断层模型，也有相应的基于波形的震源成像方法。有限断层震源模型可以看成是多个点源模型的集合，其在台站上的地震波形可以看作是多个点源地震记录的延迟叠加。

　　有限断层震源反投影（backprojection）方法是一种基于地震波形的震源破裂成像技术，通过将地震波形数据反传投影到地震断层上来反演和重建震源破裂的滑动分布和地震辐射能量分布，进而研究地震断层的性质和行为[38, 231]。该方法本质上就是将勘探地震学中的波形偏移方法应用到地震破裂成像问题中。其基本做法是将潜在震源破裂区域网格化，计算每个网格点到台站的理论走时，将不同时间段的 P 波波形偏移叠加，得到各个网格点的震源辐射能量，从而获得整体的辐射能量时空分布。根据该方法的基本原理可知，其与前文提到的波形叠加方法原理基本一致，主要区别在于强震破裂的持续时间更长，一般取滑动时窗内的波形叠加成像。自 Ishii 等首次采用反投影方法利用远震 P 波对 2004 年苏门答腊 Mw 9.1 地震进行破裂过程成像，反投影方法已逐渐成为快速获取地震破裂时空分布的有效工具[37]。

　　另一类新兴的方法是基于台阵的波束形成或台阵聚束（beamforming）技术研究震源破裂过程。波束形成是一种信号处理技术，用于在接收阵列上聚焦或抑制特定方向上的信号。该技术它利用接收阵列中的多个传感器的时延和幅度权重，对信号进行合成和调整，以实现特定方向上的增强或抑制。波束形成技术常用于声学、雷达和通信领域，用于提高目标信号的接收性能或抑制噪声和干扰信号。如今，波束形成在声源识别和地震信号处理领域的研究和应用也越来越广泛[83, 232]。

　　从全球地震学与核试验监测到局域与区域性地震学研究，密集台阵已成为地震学家们的一个重要甚至必要的有力工具。波束形成方法将大地震的有限断层震源离散成一系列的点源，直接将台阵记录的点源激发的波形信号延迟投影到震中附近区域，其相干叠加的投影点就被认为是实际的点源位置，从而实现对地震破裂过程中高频能量辐射源的时空分布成像[233, 125]。波束形成技术可以

提高信噪比，识别出单台难以分辨的各种震相，并有助于利用地震波中的高频信号，实现更加精细的研究。此外，基于台阵的地震波场记录具备空间密集采样的特点，可以重建地震波场或进行波场分解，确定地震信号的方向和能量辐射源的位置。

综上可知，无论是反投影还是波束形成技术，与波形叠加震源定位的方法原理在本质上并没有区别，都是基于地震震源辐射的波形信号对震源能量进行聚焦，只是由于震源尺寸和波形频率成分等影响，在一些处理细节和适用范围上有所区别。下面介绍波束形成与互相关叠加计算公式之间近似等价的关系。

波束形成的基本公式可以表述为将时延和叠加处理后信号的能量再沿时间方向进行求和(式 2.9)，因此其也被称作时延−求和(delay−and−sum)方法。相关研究表明，波束形成算法中将能量(叠加信号幅度的平方值)沿着时间方向求和的结果，与互相关叠加(式 2.2)的结果近似相等[234]。将波束形成公式进行适当的变换之后，其结果等价于包含一定时移的互相关叠加和自相关叠加的和，且其中互相关叠加项为主导项[91, 121, 97]。具体推导公式如下：

$$
\begin{aligned}
S_{\mathrm{beam}}(\boldsymbol{x}) &= \sum_{t=0}^{t_{\max}} \Big[\sum_{i=1}^{N} u_i(t+\tau_{i,x}) \Big]^2 \\
&= 2 \sum_{i=1}^{N} \sum_{j=i+1}^{N} \Big[\sum_{t=0}^{t_{\max}} u_i(t+\tau_{i,x}) u_j(t+\tau_{j,x}) \Big] + \sum_{t=0}^{t_{\max}} \sum_{i=1}^{N} \big[u_i(t+\tau_{i,x}) \big]^2 \\
&= 2 \sum_{N} \underbrace{\Big[\sum_{t=\tau_{i,x}}^{\tau_{i,x}+t_{\max}} u_i(t) u_j(t+\Delta\tau_{ij,x}) \Big]}_{\text{包含时移的互相关叠加}} + \underbrace{\sum_{t=0}^{t_{\max}} \sum_{i=1}^{N} \big[u_i(t+\tau_{i,x}) \big]^2}_{\text{自相关叠加}} \\
&\approx 2 S_{\mathrm{SCS}}(\boldsymbol{x}) + \sum_{t=0}^{t_{\max}} \sum_{i=1}^{N} \big[u_i(t+\tau_{i,x}) \big]^2
\end{aligned} \tag{2.9}
$$

式中：$S_{\mathrm{beam}}(\boldsymbol{x})$、$S_{\mathrm{SCS}}(\boldsymbol{x})$ 分别为波束形成值和单次互相关叠加值；$u_i(t)$ 为输入波形；其余参数含义均同前文。

该式建立了波束形成与互相关叠加之间的联系，同时也为整合基于互相关叠加的震源成像公式奠定了基础。

第3章

波形叠加地震定位方法的性能评价和优化

3.1 有限差分数值模拟方法

目前，人们根据天然地震与人工诱导地震之间的相似性，将天然地震学理论直接用于微地震震源机制研究。地震学中，地震的形成与断层本身关系密切，因此断层的产状以及断裂性质的分析研究就构成了天然地震学中震源机制的研究范畴。震源机制解，也称作断层平面解，即通过监测的波形资料反演得到的震源处断层的特征参数，包括断层的走向、倾角、滑动角等。随着地震学的发展，人们假定地震的岩石破裂是因为有力的作用，于是在震源处引入了等效力的思想，即假设等效力在地球表面产生的位移与由震源区的实际物理过程在地球表面产生的位移相同。根据纵波(P 波)和横波(S 波)的辐射花样理论和实际观测资料，震源理论模型中的力偶模型得到了人们的普遍认可。为了一般化地表示震源，Gilbert 在 1971 年首先引进了矩张量的概念，将其定义为作用在一点上的等效体力的一阶矩[235]。震源矩张量本身代表着震源的作用力或者力矩的分布，其实质就是震源机制的一种数学表达。断层平面解和地震矩张量是震源机制的两种表达方式，它们可以相互转换。对于纯剪切的双力偶源，两者是完全等效的。而对于复杂的非双力偶震源机制，断层平面解只能表征其双力偶分量。

在微地震监测领域，震源机制研究是微地震监测技术的重要内容。震源机制是深入解释水力裂缝发育的前提，既能为储层的天然裂缝描述和应力状态分析提供参考信息，又是建立离散裂缝网络(discrete fracture network，DFN)及估算有效压裂体积(stimulated reservoir volume, SRV)的重要参数[236, 237]。考虑到微地震震源机制的复杂性,一般进行震源矩张量反演。

　　不同震源机制微地震的正演模拟不仅有助于认识微地震波场的特征,也是进行震源机制反演和微地震全波形反演的基础。微地震既有天然地震被动源的特征,同时又有地震勘探的小尺度特性,本书采用有限差分法对基于矩张量震源的微地震波场进行数值模拟。

3.1.1　有限差分法

　　有限差分法(finite difference method, FDM)是一种广泛应用于求解复杂偏微分方程的数值计算方法,也是勘探地震学中最常用的数值模拟方法之一[238]。利用有限差分法进行地震波场数值模拟的基本思想是将波动方程进行数值离散,即通过将微分方程离散成差分方程,并将计算区域离散成适当大小的网格,从而将复杂的偏微分方程问题简化为线性方程组问题。在对微分方程的计算区域进行离散时有不同的网格离散方法。交错网格是一种比传统规则网格更为先进和优越的差分离散格式[239],其基本思想是将应力场和质点振动速度场的离散网格在空间上交错 1/2 个网格,而且时间场离散网格也进行交错。因此,在不增加计算量和内存的情况下,和规则网格相比,交错网格不仅有更高的局部精度,其收敛速度也更快。本书采用一阶应力-速度弹性波方程[240]和基于交错网格的有限差分法进行微地震波场的数值模拟。具体差分格式和不同差分精度条件下差分系数的详细推导可参考相关文献[241, 242],此处不再赘述。三维各向异性介质中一阶应力-速度弹性波方程的差分格式如式(3.1)所示,各分量的节点配置方式见图 3-4(a)。

$$
\begin{cases}
D_t V_x \big|_{i, j+1/2, k+1/2}^{n+1/2} = \dfrac{1}{\rho}\big(D_x \tau_{xx}\big|_{i+1/2, j+1/2, k+1/2}^{n} + D_y \tau_{xy}\big|_{i, j, k+1/2}^{n} + \\
\quad D_z \tau_{xz}\big|_{i, j+1/2, k}^{n}\big)\big) \\
D_t V_y \big|_{i+1/2, j, k+1/2}^{n+1/2} = \dfrac{1}{\rho}\big(D_x \tau_{xy}\big|_{i, j, k+1/2}^{n} + D_y \tau_{yy}\big|_{i+1/2, j+1/2, k+1/2}^{n} + \\
\quad D_z \tau_{yz}\big|_{i+1/2, j, k}^{n}\big)\big) \\
D_t V_z \big|_{i+1/2, j+1/2, k}^{n+1/2} = \dfrac{1}{\rho}\big(D_x \tau_{zx}\big|_{i, j+1/2, k}^{n} + D_y \tau_{zy}\big|_{i+1/2, j, k}^{n} + \\
\quad D_z \tau_{zz}\big|_{i+1/2, j+1/2, k+1/2}^{n}\big)\big)
\end{cases}
$$

$$
\begin{cases}
D_t\tau_{yz}\big|_{i+1/2,j,k}^{n+1} = \big[\,(C_{14}D_x+C_{45}D_z+C_{46}D_y)V_x\big|_{i,j+1/2,k+1/2}^{n+1/2}+(C_{24}D_y+C_{44}D_z+ \\
\quad C_{46}D_x)V_y\big|_{i+1/2,j,k+1/2}^{n+1/2}+(C_{34}D_z+C_{44}D_y+C_{46}D_x)V_z\big|_{i+1/2,j+1/2,k}^{n+1/2}\,\big] \\[6pt]
D_t\tau_{zx}\big|_{i,j+1/2,k}^{n+1} = \big[\,(C_{15}D_x+C_{55}D_z+C_{56}D_y)V_x\big|_{i,j+1/2,k+1/2}^{n+1/2}+(C_{25}D_y+C_{45}D_z+ \\
\quad C_{56}D_x)V_y\big|_{i+1/2,j,k+1/2}^{n+1/2}+(C_{35}D_z+C_{45}D_y+C_{55}D_x)V_z\big|_{i+1/2,j+1/2,k}^{n+1/2}\,\big] \\[6pt]
D_t\tau_{xy}\big|_{i,j,k+1/2}^{n+1} = \big[\,(C_{16}D_x+C_{56}D_z+C_{66}D_y)V_x\big|_{i,j+1/2,k+1/2}^{n+1/2}+(C_{26}D_y+C_{46}D_z+ \\
\quad C_{66}D_x)V_y\big|_{i+1/2,j,k+1/2}^{n+1/2}+(C_{36}D_z+C_{46}D_y+C_{56}D_x)V_z\big|_{i+1/2,j+1/2,k}^{n+1/2}\,\big] \\[6pt]
D_t\tau_{xx}\big|_{i+1/2,j+1/2,k+1/2}^{n+1} = \big[\,(C_{11}D_x+C_{15}D_z+C_{16}D_y)V_x\big|_{i,j+1/2,k+1/2}^{n+1/2}+(C_{12}D_y+ \\
\quad C_{14}D_z+C_{16}D_x)V_y\big|_{i+1/2,j,k+1/2}^{n+1/2}+(C_{13}D_z+C_{14}D_y+C_{15}D_x)V_z\big|_{i+1/2,j+1/2,k}^{n+1/2}\,\big] \\[6pt]
D_t\tau_{yy}\big|_{i+1/2,j+1/2,k+1/2}^{n+1} = \big[\,(C_{12}D_x+C_{25}D_z+C_{26}D_y)V_x\big|_{i,j+1/2,k+1/2}^{n+1/2}+(C_{22}D_y+ \\
\quad C_{24}D_z+C_{26}D_x)V_y\big|_{i+1/2,j,k+1/2}^{n+1/2}+(C_{23}D_z+C_{24}D_y+C_{45}D_x)V_z\big|_{i+1/2,j+1/2,k}^{n+1/2}\,\big] \\[6pt]
D_t\tau_{zz}\big|_{i+1/2,j+1/2,k+1/2}^{n+1} = \big[\,(C_{13}D_x+C_{35}D_z+C_{36}D_y)V_x\big|_{i,j+1/2,k+1/2}^{n+1/2}+(C_{23}D_y+ \\
\quad C_{34}D_z+C_{36}D_x)V_y\big|_{i+1/2,j,k+1/2}^{n+1/2}+(C_{33}D_z+C_{34}D_y+C_{35}D_x)V_z\big|_{i+1/2,j+1/2,k}^{n+1/2}\,\big]
\end{cases}
\tag{3.1}
$$

式中：(V_x, V_y, V_z) 为振动速度矢量；$(\tau_{xx}, \tau_{yy}, \tau_{zz}, \tau_{xy}, \tau_{yz}, \tau_{zx})$ 为六个独立的应力分量；ρ 为密度；(i, j, k) 分别为 x、y、z 三个空间方向的指标参数；n 为时间方向的指标参数。

当各向异性介质弱化为各向同性介质时，弹性系数矩阵 C 中的独立参数只有 2 个，即 C_{11}、C_{44}，其中 $C_{12}=C_{11}-2C_{44}$；当各向异性介质弱化为具有垂直对称轴的横向各向同性（VTI）介质时，独立的弹性参数有 5 个，即 C_{11}、C_{13}、C_{33}、C_{44}、C_{66}，其中 $C_{11}=C_{22}$，$C_{44}=C_{55}$，$C_{13}=C_{23}$，$C_{12}=C_{11}-2C_{66}$[85]。式(3.1)中 D_t、D_x、D_y、D_z 均为差分算子。以函数 f 为例，在时间二阶、空间四阶精度条件下这些差分算子的具体表达式为

$$
\begin{cases}
D_tf\big|_{i,j,k}^{n} = \dfrac{f\big|_{i,j,k}^{n+1}-f\big|_{i,j,k}^{n}}{\Delta t} \\[8pt]
D_xf\big|_{i,j,k}^{n} = \dfrac{1}{24\Delta x}\big[27(f\big|_{i+1,j,k}^{n}-f\big|_{i,j,k}^{n})-(f\big|_{i+2,j,k}^{n}-f\big|_{i-1,j,k}^{n})\big] \\[8pt]
D_yf\big|_{i,j,k}^{n} = \dfrac{1}{24\Delta y}\big[27(f\big|_{i,j+1,k}^{n}-f\big|_{i,j,k}^{n})-(f\big|_{i,j+2,k}^{n}-f\big|_{i,j-1,k}^{n})\big] \\[8pt]
D_zf\big|_{i,j,k}^{n} = \dfrac{1}{24\Delta z}\big[27(f\big|_{i,j,k+1}^{n}-f\big|_{i,j,k}^{n})-(f\big|_{i,j,k+2}^{n}-f\big|_{i,j,k-1}^{n})\big]
\end{cases}
\tag{3.2}
$$

式中：Δt 为时间步长；Δx、Δy、Δz 均为空间步长。

1. 稳定性条件和数值频散

除了上述差分格式之外，利用有限差分法进行数值模拟时还需要考虑由于数值离散过程造成的计算稳定性和频散问题。由于采用差分算子对微分算子进行近似，即用有限的离散值代替连续的介质，因此必然会引入离散误差。该离散误差和计算机固有的舍入误差在计算过程中将不断累积，如果整个计算过程不收敛，计算误差将无法控制，最终无法获得准确的数值解，这便是有限差分计算的稳定性问题。同时，这些误差项会使得数值计算的振幅值衰减，导致不同频率的地震波具有不同的相速度，表现为地震波传播过程中出现超前或是滞后的假象。由于这是有限差分离散过程的固有特征，与介质物性并无关系，所以被称为数值频散，也叫网格频散。数值频散现象会严重影响地震波场的分辨率和数值模拟的精度。

为避免计算中出现数值频散并保证计算稳定性，一个常用的经验法则是要求最小波长范围内至少包含 5 个网格点[243]。

$$\max(\Delta x,\ \Delta y,\ \Delta z) \leqslant V_{\min}/5f_{\max} \tag{3.3}$$

式中：Δx、Δy、Δz 均为空间步长；$V_{\min}$ 为模型空间内介质的最小波速；$f_{\max}$ 为震源子波频谱中的最大频率值。

据此确定空间步长后再由稳定性条件即可求得时间步长的取值范围。时间二阶、空间四阶精度条件下的稳定性条件为[238, 242]

$$\Delta t \sqrt{\frac{1}{\Delta x^2} + \frac{1}{\Delta y^2} + \frac{1}{\Delta z^2}} \leqslant \frac{1.1667}{V_{\max}} \tag{3.4}$$

式中：Δt 为时间步长；$V_{\max}$ 为模型空间内介质的最大波速。

2. 边界条件

在进行地震波场数值模拟的过程中，由于计算区域有限，所以要对波场传播的区域进行人工截断，这样便形成了所谓的边界。在未做任何处理时，这些计算边界会将入射到边界上的波反射回来，产生多余的干扰反射波。因此需要在计算区域外设置衰减或吸收边界层，以消除人为的边界反射。本书采用传统的分裂式完全匹配层（perfectly matched layer，PML）吸收边界条件[91]。分裂式完全匹配层吸收边界的基本思想是先将质点振动速度和应力分量在边界层沿坐标轴方向分解，然后通过衰减因子使得波动方程在计算区域和边界层耦合，以避免人为干扰反射波的产生。以 x 方向为例，本书采用的衰减因子 a_x 的计算公式为[244]

$$a_x = \frac{3V_P}{2d_{\text{PML}}}\ln\left(\frac{1}{R}\right)\left(\frac{x}{d_{\text{PML}}}\right)^2 \tag{3.5}$$

式中：V_P 为纵波速度；d_{PML} 为边界层厚度；x 为边界层内的计算点到内边界的距离；R 为理论反射系数，本书中 R 取 10^{-6}。

3. 震源设置

震源加载是指在震源位置的网格点上施加震源激励，即模拟点震源激发。一般而言，岩石破裂尺寸相比其激发的最小波长的尺度小得多，因此可以用点震源模拟微地震震源。在数值模拟过程中，一般采用特定的震源子波来模拟震源激发过程。本书采用勘探地震学中常用的雷克子波（Ricker Wavelet）[245]进行模拟，其表达式为

$$w(t) = A(1 - 2\pi^2 f_0^2 t^2)e^{-\pi^2 f_0^2 t^2}, \tag{3.6}$$

式中：A 为振幅；f_0 为子波主频。

在有限差分模拟过程中，可以采用灵活多样的震源加载方式来模拟不同类型的震源。例如，在正应力分量加载震源子波以模拟爆炸源，在质点振动速度分量加载震源子波以模拟具有方向性的集中力源。在具有复杂震源机制的微地震波场的模拟过程中，震源加载是一个核心环节。本章实现了利用有限差分法模拟不同矩张量震源的两种加载方式，将在下一节进行详细阐述。

3.1.2 矩张量震源模拟

1. 震源机制理论

早期的天然地震学中，普遍认为地震是由断层的剪切滑动引起，因此纯剪切源模型［图 3-1（a）］得到了广泛认可。随着理论研究的深入和实际观测数据的丰富，发展了张拉震源模型[246]［tensile source model，图 3-1（b）］。该震源模型认为除了常见的纯剪切源，还存在非双力偶震源机制。纯剪切源机制中的两个断层面之间只存在剪切滑动，而张拉震源模型中两个断层面的相对滑动方向

存在一个张拉角(tensile angle) γ ，当该角度为 0 时，即纯剪切源模型。图 3-1 中
n 和 u 分别为法向量和滑动向量， α 和 β 分别为 P 轴和 T 轴与法向量的夹角。
图 3-2 为张拉震源模型具体参数示意图。图 3-2 中 N、E、D 分别为参考坐标
系的北向、东向和深度方向， φ_{S} 和 δ 分别表示断层走向和倾角， λ_{S} 和 γ 分别为
滑动角(倾伏角)和张拉角。

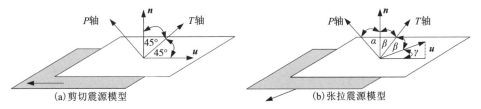

图 3-1　两种震源模型示意图[246]

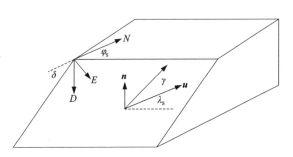

图 3-2　张拉震源模型参数示意图[247]

　　任何类型的点震源模型都可以用地震矩张量进行描述，即用图 3-3 中九对
力偶的组合来表征[171]，表示为张量形式，如式(3.7)所示。M 被称作地震矩张
量，可被分解为各向同性部分(ISO)、双力偶分量(DC)及补偿线性矢量偶极分
量(CLVD)三个部分[248]。

$$M = M_{ISO} + M_{DC} + M_{CLVD} = \begin{pmatrix} M_{xx} & M_{xy} & M_{xz} \\ M_{yx} & M_{yy} & M_{yz} \\ M_{zx} & M_{zy} & M_{zz} \end{pmatrix} \qquad (3.7)$$

　　针对张拉震源的断层平面解和矩张量之间的转换关系，很多学者开展了相
关工作[247, 171]。这里直接给出断层平面解(φ_{S}, δ, λ_{S})与矩张量 M 之间的转换
关系:

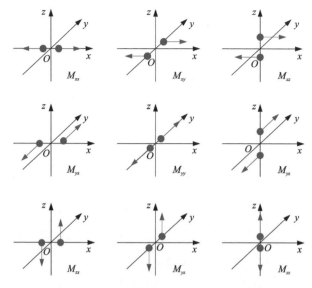

图 3-3　地震矩张量中的九对力偶示意图

$$
\left\{
\begin{aligned}
M_{xx} &= \left[2\sigma/(1-2\sigma)+2\sin^2\delta\sin^2\varphi_S \right] \sin\gamma-(\sin\delta\cos\lambda_S\sin 2\varphi_S+ \\
&\quad \sin 2\delta\sin\lambda_S\sin^2\varphi_S)\cos\gamma, \\
M_{yy} &= \left[2\sigma/(1-2\sigma)+2\sin^2\delta\cos^2\varphi_S \right] \sin\gamma+(\sin\delta\cos\lambda_S\sin 2\varphi_S- \\
&\quad \sin 2\delta\sin\lambda_S\cos^2\varphi_S)\cos\gamma, \\
M_{zz} &= \left[2\sigma/(1-2\sigma)+2\cos^2\delta \right] \sin\gamma+\sin 2\delta\sin\lambda_S\cos\gamma, \\
M_{xy} &= -\sin^2\delta\sin 2\varphi_S\sin\gamma+(\sin\delta\cos\lambda_S\cos 2\varphi_S+ \\
&\quad \sin 2\delta\sin\lambda_S\sin 2\varphi_S/2)\cos\gamma, \\
M_{xz} &= \sin 2\delta\sin\varphi_S\sin\gamma-(\cos\delta\cos\lambda_S\cos\varphi_S+\cos 2\delta\sin\lambda_S\sin\varphi_S)\cos\gamma, \\
M_{yz} &= -\sin 2\delta\cos\varphi_S\sin\gamma-(\cos\delta\cos\lambda_S\sin\varphi_S-\cos 2\delta\sin\lambda_S\cos\varphi_S)\cos\gamma,
\end{aligned}
\right. \tag{3.8}
$$

式中：σ 为泊松比；其余参数均与前文一致。

　　在进行矩张量震源加载时，可以直接将矩张量作为等效体力加载到应力分量[249]或振动速度分量[250, 251]。

2. 等效体力的振动速度分量加载方式

　　结合图 3-4(a)所示的三维交错网格中各分量的节点配置方式，可得矩张量震源等效体力的振动速度分量加载方式的计算公式如下

$$\begin{cases} \Delta V_i^{n+1/2} \big|_{j-1/2} = \dfrac{-M_{ij}(n \cdot dt)\,dt}{vdj} \\[3mm] \Delta V_i^{n+1/2} \big|_{j} = \dfrac{M_{ij}(n \cdot dt)\,dt}{vdj} \end{cases} \tag{3.9}$$

式中：$M_{ij}(n \cdot dt) = M_{ij} \cdot w(n \cdot dt)$ 为震源激励函数；n 为时间方向的指标参数；dt 为时间步长；M_{ij} 为地震矩张量的分量［式（3.7）］；$w(n \cdot dt)$ 为震源子波函数［式（3.6）］；ΔV_i 为振动速度 i 分量的增量；v 为网格体积大小。

振动速度分量加载方式采用两节点加载，其中 j 代表力矩 dj 的方向。

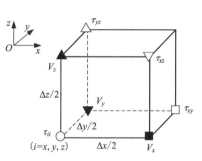 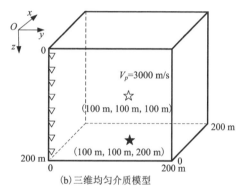

(a) 三维交错网格各分量的节点配置方式　　(b) 三维均匀介质模型

图 3-4　三维交错网格节点配置和均匀介质模型示意图

（注：如无特别说明，本书示意图中五角星和倒三角符号都分别代表震源和检波器）

3. 等效体力的应力分量加载方式

结合图 3-4(a)所示的三维交错网格中各分量的节点配置方式，可得矩张量震源等效体力的应力分量加载方式的计算公式如下：

$$\Delta \tau_{ij}^{n+1/2} = \frac{M_{ij}(n \cdot dt)\,dt}{v} \tag{3.10}$$

式中：$\Delta \tau_{ij}$ 为应力分量 τ_{ij} 的增量。

应力分量加载方式采用单节点加载，即将震源激励函数直接加载到震源位置对应的网格点上。

4. 与解析解对比

为验证上述方法的正确性，采用图 3-4(b)所示的 200 m×200 m×200 m 的三维均匀各向同性介质模型，将两种加载方式的模拟结果与解析解结果对比。

震源采用中心频率为 60 Hz 的雷克子波，位置为 $(100\ \mathrm{m},\ 100\ \mathrm{m},\ 200\ \mathrm{m})$，即图中黑色五角星位置。在模型中设置了井中检波器阵列 $(0,\ 0,\ 0:10:200)$。

均匀各向同性介质中，矩张量震源的远场 P 波和 S 波位移解析解为[96]

$$
\begin{cases}
u_i^{\mathrm{P}} = \dfrac{1}{4\pi r\rho V_P^3}\gamma_i\gamma_j\gamma_k M_{jk} \\[2ex]
u_i^{\mathrm{S}} = \dfrac{1}{4\pi r\rho V_S^3}(\delta_{ij} - \gamma_i\gamma_j)\gamma_k M_{jk}
\end{cases}
\tag{3.11}
$$

式中：u_i^{P}，u_i^{S} 分别为 P 波和 S 波的位移分量；r 为震源到检波器的距离；V_{P}，V_{S} 分别为 P 波和 S 波的传播速度；γ_i、γ_j、γ_k 分别为波场传播射线在 x、y、z 方向的方向余弦；M_{jk} 为地震矩张量的分量；δ_{ij} 为狄拉克 Delta 函数。式中重复下标满足爱因斯坦求和约定。

以矩张量 $\boldsymbol{M} = \sqrt{1/2}\,[0\ 1\ 0;\ 1\ 0\ 0;\ 0\ 0\ 0]$ 的纯双力偶源为例，将 x 方向位移分量的解析解求导后与有限差分模拟得到的振动速度水平分量对比。图 3-5 和图 3-6 为解析解和两种加载方式的有限差分模拟结果对比。可见两种加载方式的数值模拟结果与解析解吻合都较好，验证了方法的正确性。与振动速度分量加载结果对比，应力分量加载条件下的 P 波和 S 波的相位及两者的相对幅度与解析解吻合更好，误差更小。下面将采用应力分量加载方式进行不同应用场景和监测方式条件下矩张量震源的微地震波场模拟。

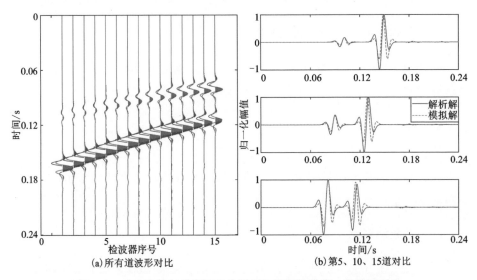

图 3-5　速度分量加载有限差分模拟与解析解的归一化波形对比

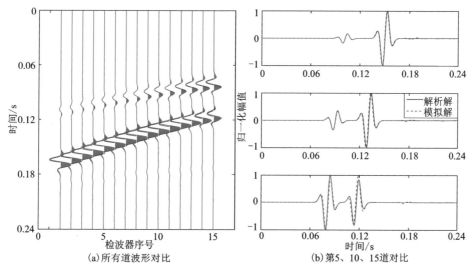

图 3-6 应力分量加载有限差分模拟与解析解的归一化波形对比

3.1.3 开源程序包

目前，已经将三维各向异性介质条件下的复杂微地震波场数值模拟程序包 FDwave3D 开源共享[252]。本程序包基于 MATLAB 语言，采用向量式并行计算，支持三维各向异性介质和矩张量震源机制。表 3-1 总结了目前具有代表性的有限差分地震波场数值模拟程序包。表中 VS 和 DS 分别代表速度-应力形式的波动方程和位移-应力形式的波动方程，"—"表示没有采用并行计算策略。本程序包已在 Windows 和 Linux 操作系统中的 MATLAB R2016b 版本中进行了测试。

表 3-1 代表性有限差分地震数值模拟程序包

介质类型	波动方程	网格类型	并行计算	程序语言	参考文献
黏弹性	VS	交错网格	MPI	C	[241]
孔弹性	VS	交错网格	MPI	C	[253]
各向异性弹性	DS	普通网格	—	MATLAB	[254]

续表3-1

介质类型	波动方程	网格类型	并行计算	程序语言	参考文献
黏弹性	VS	交错网格	MPI+OpenMP	Fortran	[255]
各向同性弹性	VS	交错网格	GPU	CUDA	[256]
黏弹性	VS	交错网格	OpenMP	C	[257]
各向异性弹性	DS	普通网格	GPU+OpenMP	CUDA	[258]
各向同性弹性	VS	交错网格	MPI	C	[259]
各向同性弹性	VS	交错网格	GPU	CUDA	[260]
黏弹性	VS	交错网格	MPI+OpenMP	Fortran	[261]
黏弹性	VS	交错网格	GPU	OpenCL	[262]
各向异性黏弹性	DS	普通网格	—	C	[263]
各向异性弹性	VS	交错网格	OpenMP	Fortran	[264]
各向同性弹性	VS	交错网格	Vectorized	MATLAB	[265]
各向异性弹性	VS	交错网格	Vectorized	MATLAB	本程序包

  图3-7和图3-8总结和展示了程序包的基本结构和例子。对于具体的模拟案例，模拟过程可以分为三个步骤，即输入、计算和输出。图3-7中从左至右分别代表程序包这三个部分对应的文件夹名称和功能。该程序包进行地震波场数值模拟的具体步骤如下：

  ①程序包初始化设置。

  ②设置介质模型的弹性参数等。

  ③定义震源子波信号和震源机制。

  ④设置震源和检波器的位置。

  ⑤检查数值稳定性和网格频散条件。

  ⑥选择边界条件。

  ⑦进行波场数值模拟计算，存储并显示结果。

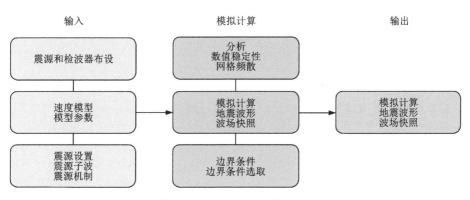

图 3-7　FDwave3D 的基本架构

```
%% Initialization
% Set path of FDwave3D package
% Add the code folder to the current command space
% Load model parameters P-wave velocity (vp), S-wave velocity (vs), density, etc.
% Other necessary parameters, e.g., the order of spatial derivative operators.

%% Input
% Calculate elastic parameters from Thomsen's parameters
thomsen_parameters=[vp(i),vs(i),eps(i),gamma(i),delta(i)];
cc=thomsen_to_c(thomsen_parameters);

% 3D anisotropic models with horizontal layers
FDwave_model_n_3Dlayers_FulAni(varargin);

% Source wavelet
FDwave_source_ricker(varargin);
% Source mechanism
MT0=sqrt(1/3)*[1 0 0;0 1 0;0 0 1]; %ISO

% Source and receiver geometry
FDwave_3Dgeometry_src_single(varargin); %Source
FDwave_3Dgeometry_rec_st_line_surf(varargin); %Receiver

%% Calculation and output
% Numerical stability and grid dispersion check
FDwave_analyse_3Delastic(varargin);
% Boundary conditions
FDwave_bc_3Dselect(varargin) ;

% Simulation and store the seismograms and wavefields
FDwave_calculation_3Delastic_2N_vFulAni(varargin);
```

图 3-8　FDwave3D 程序包运行范例

3.2 有限差分数值模拟算例

3.2.1 地面星形排列 P 波初至极性正演模拟

地面星形排列是一种地面微地震监测中常用的检波器布置方式[85]。采用应力分量加载方式对两种双力偶源(表 3-2)进行模拟,得到相应的地面星形排列条件下的微地震记录。

图 3-9 为两种震源机制的沙滩球和检波器布置示意图,此处采用的模型仍为图 3-4(b)所示的均匀各向同性介质模型,星形检波器阵列的中心与模型地表($Z=0$)的中心位置重合。图 3-10 为两种震源机制产生的振动速度垂直分量合成记录,检波器序号根据图 3-9 中检波器阵列顺序从震源处向外编号,共8×18 个检波器(包括阵列中心位置的检波器重复计数 7 次)。可见正演模拟得到 P 波初至极性比较清晰,且与沙滩球中的理论初至极性吻合很好,验证了数值模拟方法的正确性,同时也表明当地面监测孔径较大且方位覆盖较完整时,可以利用 P 波初至极性进行地面监测微地震的震源机制反演[266]。

表 3-2 两种双力偶源参数

震源 类型	走向/倾角/滑动角	矩张量
走滑型	0°/90°/0°	$\sqrt{\dfrac{1}{2}}\begin{pmatrix} 0 & 1 & 0 \\ 1 & 0 & 0 \\ 0 & 0 & 0 \end{pmatrix}$
倾滑型	30°/70°/90°	$\begin{pmatrix} -0.48 & 0.28 & 0.38 \\ 0.28 & -1.11 & -0.66 \\ 0.38 & -0.66 & 0.64 \end{pmatrix}$

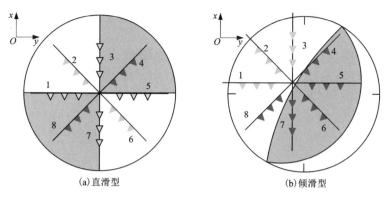

(a)直滑型　　　　　　　　　　(b)倾滑型

图 3-9　两种震源的沙滩球和对应的地面星形检波器布置示意图

(注：红色代表初至极性为正，蓝色代表初至极性为负，节面处振幅为 0)

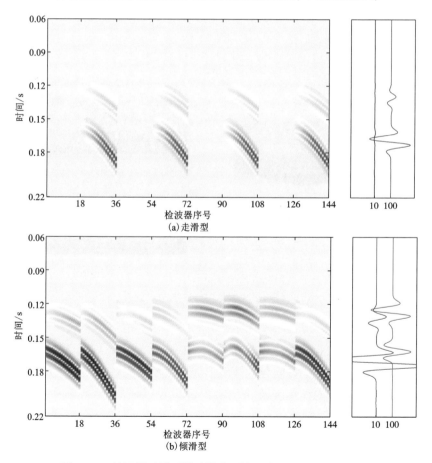

图 3-10　地面星形排列微地震监测的垂直速度分量合成记录

3.2.2　复杂三维各向异性介质地震波场模拟

将上述程序包应用于勘探地球物理学中高度非均匀的 SEG/EAGE 标准推覆构造(逆掩断层)介质模型[267]。该模型的 P 波速度如图 3-11(a)所示,模型在 X、Y、Z 方向上的网格数目为 $401 \times 401 \times 94$,网格间距为 10 m。震源位于模型中心,并设置为与上述案例中相同的走滑型双力偶源。考察了基于该模型的三种介质情况,即各向同性介质、垂直对称横向各向同性介质(VTI) 和水平对称横向各向同性介质(HTI)模型。对于横向各向同性介质(TI)模型,各向异性区域设置在震源周围,尺寸为 1000 m×1000 m×500 m(图 3-11 中的黑线)。地面线性阵列的 201 个检波器沿着 X 方向分布(Y = 2 km)。震源和检波器的布设如图 3-11(b)和(c)所示。

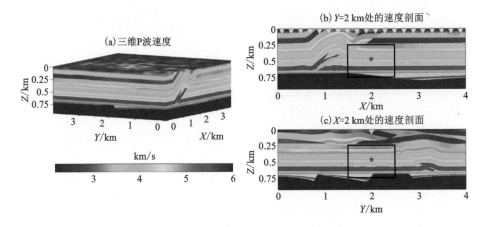

图 3-11　推覆体模型的二维和三维显示

三种模型的垂直振动速度波场快照和相应的地震记录如图 3-12 所示。由于介质各向异性的影响,各向异性模型形成的波场要比各向同性模型的波场复杂得多,特别是在各向异性区域[图 3-12(c)]。这种复杂性源于 S 波分裂以及各向同性区域与各向异性区域之间的速度差异。相应地,在各向同性介质模型和横向各向同性模型之间还可以观察到地震记录的显著差异[图 3-12(d)-(f)]。波场快照和地震记录结果与文献[264]中的图 23 和图 26 相一致。

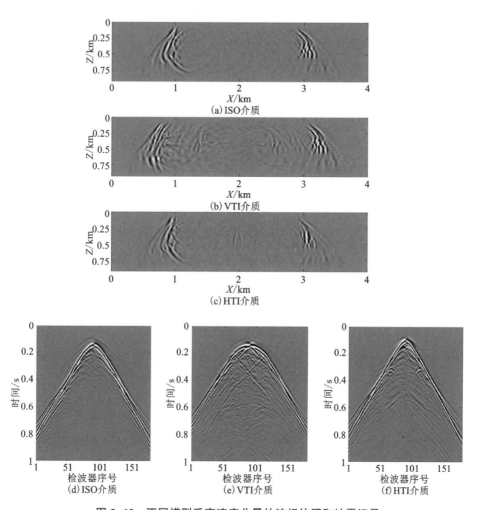

图 3-12　不同模型垂直速度分量的波场快照和地震记录

3.3　波形叠加地震定位方法的影响因素分析

波形叠加地震定位方法作为地震和微地震定位的新型方法，具有抗噪性强和自动性高等优势。虽然波形叠加法在地面微地震监测中的应用已基本成熟，但是对该方法性能评价和影响因素的研究还不够深入和系统，不利于监测方案设计和监测结果评估。

波形叠加地震定位方法的核心思想是基于特定的叠加算子，利用理论走时或走时差叠加地震波形幅度或能量，聚焦震源能量从而实现定位。波形叠加法的影响因素主要包括三个方面：速度模型、监测阵列和波形复杂性。其中，速度模型直接影响理论走时和微地震波形的计算，监测阵列影响微地震观测波形的数量和质量，波形复杂性包含数据信噪比、震相复杂性和极性变化的复杂性等。当然，波形叠加地震定位方法中还包括不同的叠加算子或偏移算子，例如绕射叠加、互相关叠加和相对叠加等。不同叠加算子本身具有不同的方法原理和适用性，因此也会对定位结果产生直接影响。常规走时反演方法定位结果评价主要考察定位误差或者偏差，以及定位结果的不确定性。波形叠加地震定位方法获得的直接结果并不是离散的数值，而是震源能量聚集的图像，因此成像分辨率也能在一定程度上反映定位结果的可靠性[70, 89]。此外，根据获得的震源位置和激发时刻将地震波形拉平后的对齐程度也能反向检验震源能量聚集的可靠性[125]。波形叠加地震定位方法比走时反演法需要更多的存储空间，特别是大数目地面检波器采集时，对计算成本的要求较高。

3.3.1 基于多参数指标的微地震定位性能评价

在深入分析波形叠加地震定位方法原理的基础上，提出一种基于多参数指标的定位性能评价体系[268]。该评价体系主要针对地面微地震监测，其技术要点如图3-13所示。该评价体系主要包括波形叠加地震定位方法选取、影响因素研究和评价指标分析三个部分。方法选取要结合监测目的和要求，以及现场施工条件等。影响因素包括速度模型、监测阵列和波形复杂性共三个大类，涉及多种具体因素。评价指标包括定位误差/偏差、成像分辨率、波形对齐程度和计算成本。根据性能评价指标的对比分析，还可以研究不同影响因素的作用。例如，第4章专门介绍了利用随机性优化算法提升震源成像的计算效率，依据波形叠加成像函数的收敛性能，也可以间接反映震源成像解空间的稳定性和定位结果的可靠性。总之，该评价体系考虑了方法本身的性质和不同影响因素的作用，通过多参数指标对方法的定位性能进行综合评价。采用合成数据分析了不同影响因素对定位结果的影响，并将其用于实际地面微地震定位的性能评价，验证该评价体系的可行性[269]。该方法性能评价体系有助于提升对波形叠加定位的方法认识及其可靠性，为实际微地震监测项目的震源定位环节提供了一个合理的评价思路,同时也能为走时反演定位或者震源机制反演等其他微地震数据处理方案设计和评价提供参考。接下来重点分析波形复杂震相的影响,第4章和第5章(5.3小节)将分析计算成本、数据信噪比、监测阵列和速度模型等因素对波形叠加定位方法的影响。

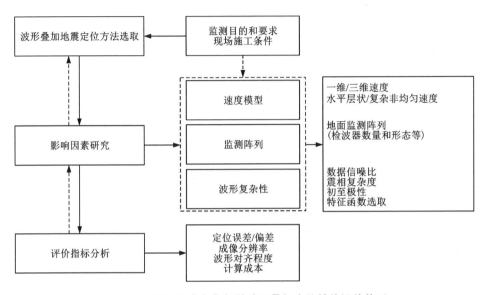

图 3-13　基于多参数指标的波形叠加定位性能评价体系

3.3.2　震相选取

与走时反演法中的走时数据作为输入不同,波形叠加地震定位方法是将波形作为输入,因此波形的复杂性会直接影响震源成像和定位的结果。其中,震相的复杂性是波形复杂性的典型代表。由于微地震震源机制的复杂性,导致微地震波形数据中不仅含有直达 P 波,一般还同时包含直达 S 波和续至波。作为波形叠加方法的输入数据,不同震相能量的强弱及其准确识别是实现高分辨率、高可靠性震源成像的关键。图 3-14 是一个实际微地震事件的垂直分量波形及采取不同输入波形对应的互相关叠加成像结果[270]。分别对图 3-14(a)中红色实线矩形框内的全部波形和只保留 P 波震相的虚线框内的波形作为输入波形进行震源定位。由图可知,波形中的高幅值 S 波会在 P 波的最终成像结果中引入相干干扰,导致震源定位结果的深度出现明显偏差。因此,震相的准确识别和拾取对于微地震事件的准确定位至关重要。

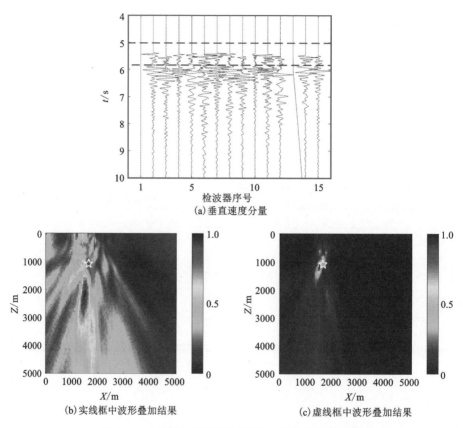

(a) 垂直速度分量

(b) 实线框中波形叠加结果

(c) 虚线框中波形叠加结果

图 3-14　实际微地震事件波形和波形叠加成像结果

　　一般来说，微地震数据前期的处理包含事件识别和震相识别两部分内容，前者是事件检测，即确认采集的波形信号中是否存在有效微地震事件，后者则是在事件波形中对 P 波和 S 波两种震相进行检测、区分和初至拾取。这两部分内容本身联系密切，最新的一些研究并没有进行这两个处理步骤的区分，而且合并或者同时处理。

　　最初研究者们将微地震事件检测问题表述为监督分类问题，提取并筛选多种时频域特征，实现了基于支持向量机的高精度微地震事件分类与识别[271]。早在 20 世纪 90 年代，研究者们就实现了通过给神经网络输入频率、振幅、能量等特征进行地震信号自动识别与初至拾取[272, 273]。近年来，包括卷积神经网络(convolutional neural network，CNN)和循环神经网络(recurrent neural network，RNN)等在内的深度学习算法正逐渐成为地震处理和反演的热点方法[274, 131, 275]。王维波等构建 CNN 识别网络以区分噪声事件和微地震事件，应用于实测数据效果较好[276]。Mousavi 等提出的 EQTransformer 作为一种依赖于全局注意力机制与局部注意力机制的多任务网络结构，首次实现了利用一个网络完成事件识别与震相识别两个任务，其总体精度可以达到 99%[144]。赵明等基于 Unet 网络识别 P 波、S 波震相并进行到时拾取[277]。Zhu 等对 Unet 震相拾取网络进行了中国区域化定制与优化，相比于传统的长短时窗比法具有更高的事件检测效率和精度，并且有效地避免了常规检测方法中阈值调整的问题，使得训练后的模型参数具有稳定的输出能力[278]。声发射本质上是高频的微地震事件，Guo 等提出的 AEnet 将声发射数据的识别与分类分为两步：先利用 CNN 进行声发射事件识别，再结合无监督聚类算法与非线性曲线拟合算法进行震相拾取，使得拾取结果具有很强的抗噪性[279]。由于监测台站分布具有不规则性，因此考虑不同台站波形的空间相关性也可以实现更高精度的震相拾取和分类。Chen 和 Li 提出了基于台阵波形空间相关性和三维 Unet 的震相拾取网络模型 CubeNet，实际数据测试验证了该方法对震相拾取的可靠性，并对单道异常信号具有较好的抗干扰能力[280]。

EQTransformer 模型(EQT)是一种通过有监督训练的机器学习模型，训练好的模型能够将预处理的三分量波形转换为震相检测的概率函数，从而可以有效地预测微地震波形中 P 波和 S 波的到时。对冰岛 Hengill 地区地热开发相关的地震目录和波形数据进行预处理，该区域有 4 个局域台网共 58 个地震仪，空间范围分布在 $63°48'0''N \sim 64°12'0''N$，$20°0'0''W \sim 21°54'0''W$［图 3-15(a)][281, 115]。监测台网中的宽频带和短周期地震仪以 200 Hz 的采样率连续记录地震波(只有来自 IMO 网络的站点的采样率为 100 Hz)。通过采用 EQT 直接测试其在冰岛 Hengill 地区现场微地震数据震相检测的性能[图 3-15(b)、图 3-16][282]。

根据 EQT 预测的震相概率函数，分别采用绕射叠加(DS)和互相关叠加(CCS)两种方法进行震源成像，并与长短时窗比法(STA/LTA)拾取的相位叠加定位进行震源成像进行对比(图 3-17)。基于叠加的震源成像结果进一步证明了高分辨率概率函数在定位中的优势。

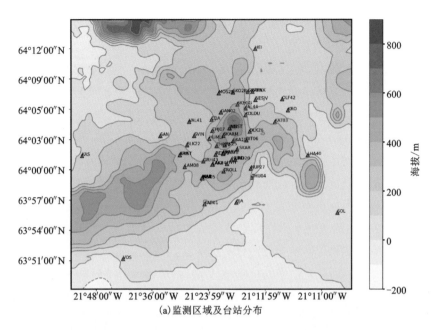

(a) 监测区域及台站分布

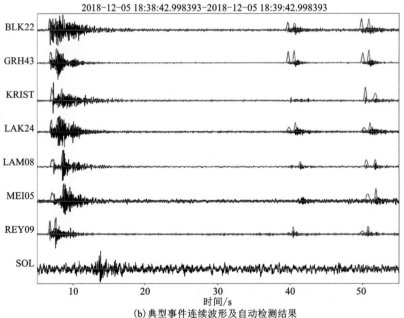

(b) 典型事件连续波形及自动检测结果

图 3-15 地震监测区域和典型事件波形

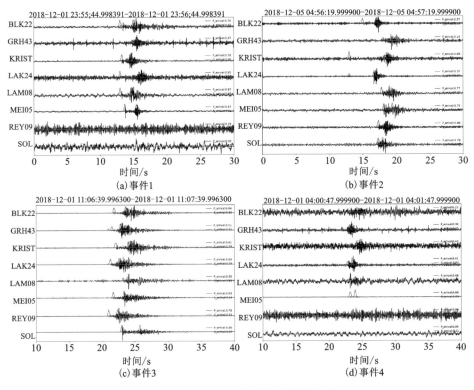

图 3-16　四个样本事件检测的震相概率

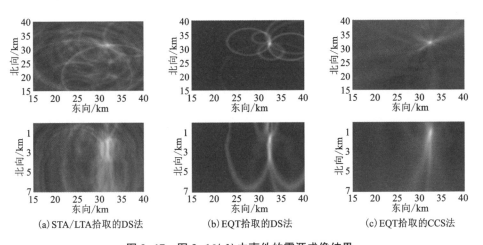

(a) STA/LTA拾取的DS法　　(b) EQT拾取的DS法　　(c) EQT拾取的CCS法

图 3-17　图 3-16(d)中事件的震源成像结果

3.3.3 计算成本

常规的波形叠加震源成像方法采用全网格线性搜索，即对所有目标成像区域的网格点依次计算成像值，然后根据最大成像值确定震源位置。针对大型地面监测阵列和较大的成像区域时，需要对大数据量的波形信号进行存储、传输和计算，因此计算成本较高。计算成本也是评价波形叠加定位方法性能的指标之一。要降低计算成本，可以从数据存储传输和反演计算两方面考虑。采用高性能的计算机本身也有助于提升计算效率。

从反演计算的角度，可以借助优化算法提高反演求解的计算效率，即如何更加快速、准确地在解空间中搜索到全局最优解，找到最大震源成像值，从而确定震源位置。第 4 章将重点介绍利用随机性全局优化算法加速震源成像的方法和应用。

第4章

基于随机性优化算法的震源成像

波形叠加类定位方法无须拾取初至走时，但是其叠加成像的过程比走时反演法要更加耗时，且需要更多内存空间存储波形数据和成像数据。特别是针对大型地面监测阵列和较大的成像区域时，常规的微地震震源成像方法采用全网格线性搜索，由于需要对所有目标监测区域的网格点依次计算并存储震源成像值，因而其计算成本较高。

从数学的角度来说，震源定位问题属于最优化问题。波形叠加类方法的成像函数是复杂的[如式(2.1)]，其平滑度取决于成像算子、速度模型、信噪比和检波器布置形态等因素。由于成像函数一般存在局部极值点，且无法提供较好的初始解，传统的基于梯度的优化算法(如梯度下降法、牛顿法等)并不适用。除了这些依据系统的、确定的步骤求解的确定性算法(deterministic algorithm)以外，求解最优化问题时还有一类无须求导、受自然规律或经验法则等启发的随机性算法(stochastic algorithm)，也被称作启发式算法[125]。随机性优化算法一般都以一组随机解作为初始解，整个求解过程始终包含一定的随机性，因此也无法确保最终会收敛到全局最优解。这类优化算法包括模拟退火法(simulated annealing, SA)、遗传算法(genetic algorithm, GA)、粒子群算法(particle swarm optimization, PSO)、人工神经网络(artificial neural network, ANN)等[283]。

本章介绍了三种随机性优化算法——粒子群算法(PSO)、差分进化算法(differential evolution, DE)和邻域算法(neighborhood algorithm, NA)，并利用实际数据测试了这些算法应用于不同震源成像函数的性能，并提出了相应的控制参数优化流程，从收敛准确性、加速比以及定位不确定性等多方面考察并验证了随机性全局优化算法应用于波形叠加震源定位的可行性和有效性。

4.1 典型随机性优化算法的基本原理

由于随机性算法可以在整个目标求解范围内搜索最优值，因此可以被称作全局优化算法。随机性优化算法已被成功地应用于多种地球物理反演问题，包括地震反演[284-286]、速度模型反演[287, 288]和地震属性求取[289, 290]等。

利用波形叠加类方法进行震源定位的过程可以表述为如下全局最优化问题：

$$\begin{cases} \max\{S(\boldsymbol{x})\}, \ \boldsymbol{x} = (x, \ y, \ z, \ \tau_0)^{\mathrm{T}} \\ \text{subject to } \boldsymbol{x}^{\min} \leqslant \boldsymbol{x} \leqslant \boldsymbol{x}^{\max} \end{cases} \tag{4.1}$$

式中：$S(\boldsymbol{x})$ 为震源成像函数；$\boldsymbol{x}$ 为震源参数向量。

Gharti 等于 2010 年率先提出将随机性优化算法应用于微地震定位，他们将差分进化算法(DE)与一种基于包络叠加的震源成像算子结合，大幅提高了方法的计算效率[111]。Zimmer 和 Jin 对比了三种随机性优化算法应用于微地震震源成像的效果，指出 DE 方法针对不同实际微地震数据的综合表现最好，并提到 DE 已经成功地应用于实际水力压裂生产中的实时微地震监测[291]。近年来，又有学者将协方差矩阵自适应演化策略算法(covariance matrix adaptation evolution strategy，CMA-ES)和邻域算法(neighborhood algorithm，NA)成功地应用于微地震震源成像[114, 292]。

接下来，先简单介绍粒子群算法(PSO)、差分进化算法(DE)和邻域算法(NA)的基本思想、原理和实现流程，利用实际微地震数据测试这些算法应用于震源定位的收敛速度和收敛准确性，并提出基于重复性测试的控制参数优化流程。

4.1.1 粒子群算法

粒子群算法(PSO)最早由 Kennedy 和 Eberhart 于 1995 年提出，是一种基于群体智能的随机性全局优化算法，属于一种演化算法(evolutionary algorithm，EA)[293]。该算法最初是受到鸟群和鱼群觅食活动的规律性启发。通过对动物集群行为的观察发现：群体中不同个体的信息共享提供了一个演化优势，使整个群体的运动从无序到有序，从而获得最优解。在 PSO 中，求解过程中的尝试解都被看作是群体中的成员,并将其描述为无质量、无体积的"粒子"。所有粒子都有一个由目标函数决定的适应值,也就是目标函数值,还有一个决定它们运动方向和距离的速度。后来,为了更好地控制 PSO 求解过程,引入了惯性权重参数,形成了 PSO 的标准版本[294],粒子根据如下公式在求解空间中搜索:

$$\begin{cases} \boldsymbol{V}_i^k = w\boldsymbol{V}_i^{k-1} + c_1 r_1 (\boldsymbol{P}_i^{k-1} - \boldsymbol{X}_i^{k-1}) + c_2 r_2 (\boldsymbol{G}^{k-1} - \boldsymbol{X}_i^{k-1}) \\ \boldsymbol{X}_i^k = \boldsymbol{X}_i^{k-1} + \boldsymbol{V}_i^k \end{cases} \tag{4.2}$$

式中:$\boldsymbol{V}_i^k$ 和 $\boldsymbol{X}_i^k$ 分别为粒子 i 在第 k 次迭代时的速度和位置向量,不同维度对应搜索空间的不同维度;w 为惯性权重;c_1 和 c_2 为加速度常数;r_1 和 r_2 为两个在 [0,1] 范围内变化的随机值;$\boldsymbol{P}_i^{k-1}$ 和 $\boldsymbol{G}^{k-1}$ 分别为粒子 i 的当前最好位置和全部粒子的当前全局最好位置。

标准 PSO 算法实现的基本流程如下:

①随机取得一组粒子的初始参数值,包括随机的位置和速度。

②计算每个粒子的目标函数值。

③对每个粒子,将它的目标函数值和当前最好位置 $\boldsymbol{P}_i^{k-1}$ 的目标函数值比较,如果更好,则将其位置更新为该粒子当前的最好位置。

④对每个粒子,将它的目标函数值和全部粒子的当前全局最好位置 $\boldsymbol{G}^{k-1}$ 的目标函数值比较,如果更好,则将其位置更新为当前的全局最好位置。

⑤根据式(4.2)更新粒子的速度和位置。

⑥如果已经达到收敛条件(一般为获得足够好的目标函数值或达到一个预设最大迭代次数),则结束,否则,回到②。

PSO 应用于地震震源成像问题时,粒子代表求解区域的震源,粒子的位置向量代表震源参数向量,震源成像函数就是决定粒子适应值的目标函数。PSO 的控制参数包括惯性权重 w,加速常数 c_1、c_2,粒子总数 n_p 和迭代总次数 n_g。

图 4-1 是利用 PSO 求解一个二维目标函数最优解的示意图。图 4-1(a)的初始解随机分布,图 4-1(b)结果显示经过 15 次迭代后所有粒子都已经收敛到最优解附近。

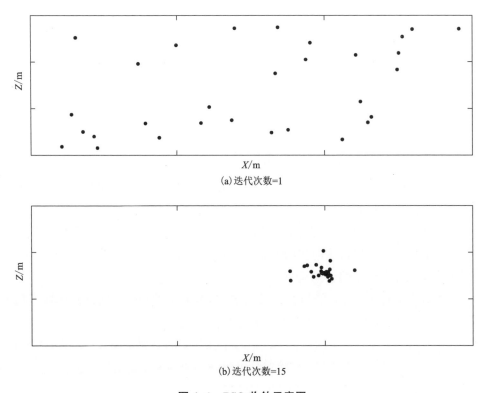

(a)迭代次数=1

(b)迭代次数=15

图 4-1　PSO 收敛示意图

4.1.2　差分进化算法

差分进化算法(DE)是由 Storn 和 Price 于 1995 年提出的一种模拟生物进化的随机性全局优化算法[295]。和其他演化算法一样, DE 也是通过反复迭代, 使得更加适应环境(具有更高适应值)的个体被保留, 最后获得最优解。相比于其他演化算法, DE 采用基于差分的简单变异操作和一对一的竞争生存策略, 保留了基于种群的全局搜索能力, 降低了遗传操作的复杂性, 具有更强的收敛能力和收敛稳定性[296]。Ruzek 和 Kvasnicka 将 DE 应用于基于走时反演的地震定位问题, 验证了其具有较高的可靠性[297]。

DE 的主要步骤与其他演化算法基本一致, 主要包括变异(mutation)、交叉(crossover)和选择(selection)三种操作。DE 算法实现的基本流程如下:

①种群初始化:随机取得一组个体的初始参数值作为第一代。

②变异：从当前种群中随机选取三个不同的个体，将其中两个个体的差向量作为第三个个体的随机变化值，将差向量加权后与第三个个体求和而产生变异个体。变异操作的公式如下：

$$M_i^k = X_{p1}^{k-1} + F(X_{p2}^{k-1} - X_{p3}^{k-1}) \tag{4.3}$$

式中：M_i^k 为个体 i 的变异向量；k 为迭代次数；p_1、p_2、p_3 为从当前种群中随机选取的三个不同的个体；X_{p1}^{k-1}、X_{p2}^{k-1}、X_{p3}^{k-1} 为其对应的参数向量；F 为决定种群进化速度的变异因子，一般取值在 $[0, 2]$ 范围内。

③交叉：变异个体与相应的目标个体进行参数混合，生成试验个体。交叉操作可以增强种群的多样性，其公式如下：

$$C_i^k = \begin{cases} M_i^k & \text{if rand} \leqslant C \text{ or } i = \text{rand}_{\text{index}} \\ X_i^{k-1} & \text{otherwise} \end{cases} \tag{4.4}$$

式中：C_i^k 为试验个体的参数向量；rand 为在 $[0, 1]$ 范围内变化的随机值；C 为交叉概率；$\text{rand}_{\text{index}}$ 为一个随机的个体指标参数。

④选择：对试验个体与相应的目标个体采取一对一的竞争生存策略，如果试验个体的适应值优于目标个体的适应值，则试验个体取代目标个体，否则目标个体仍保存下来。具有更优适应值的一组个体构成新一代种群，回到②，直到达到收敛条件。

DE 应用于地震震源成像问题时，个体表示震源，个体的参数向量为震源参数向量，震源成像函数就是决定个体适应值的目标函数。DE 的控制参数包括变异因子 F、交叉概率 F、个体总数 n_p 和迭代总次数 n_g。

图 4-2 是利用 DE 求解与图 4-1 对应的二维目标函数最优解的示意图。图 4-2(a) 的第一代个体随机分布，图 4-2(b) 结果显示经过 15 次迭代后所有个体也成功收敛到最优解附近。

4.1.3　邻域算法

邻域算法(NA)是由 Sambridge 于 1999 年提出的一种较新的随机性全局优化算法[298]。与前文介绍的 PSO 和 DE 类似，NA 也是以一组随机解作为初始参数，经过反复迭代，求得最优解。但是，NA 的搜索策略不同于演化算法，算法流程可以简单概括如下。

①随机取得一组共包含 n_p 个待求参数向量的初始值；

②计算最新生成的一组参数向量的适应值，将其与当前所有参数向量的适

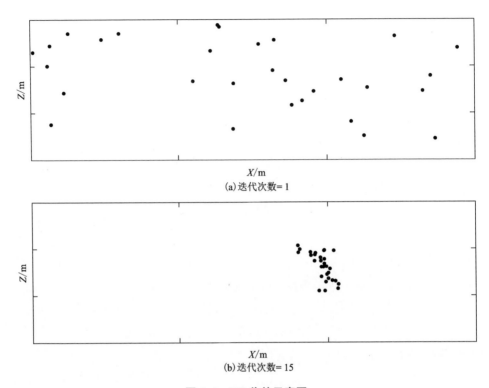

图 4-2　DE 收敛示意图

应值对比后排序,获得当前具有最优适应值的 n_r 个参数向量;

③在②中获得的最优参数向量对应的 n_r 个泰森多边形(Voronoi cell)内随机生成一组新的参数,对应公式可以表示如下:

$$X_{n_p}^k = \min\{V_{n_r}^k\} + \text{rand} \cdot (\max\{V_{n_r}^k\} - \min\{V_{n_r}^k\}) \tag{4.5}$$

式中:$X_{n_p}^k$ 为在所有 n_r 个最优参数向量对应的泰森多边形 $V_{n_r}^k$ 内随机生成的一组参数向量,即每个泰森多边形中新生成 n_p/n_r 个参数向量;k 为迭代次数。

④回到②,直到达到收敛条件。

NA 应用于地震震源成像问题时,震源参数向量为待求的参数向量,震源成像函数就是决定适应值的目标函数。NA 的控制参数包括每次迭代新增参数向量总数 n_p、每次迭代选择的最优参数向量数目 n_r 和迭代总次数 n_g。需要说明的是,完整的 NA 算法包括参数搜索和结果评估两部分。参数搜索过程每次迭代新增的参数向量都保存,用于后面的结果评估,如基于贝叶斯理论的分辨率和协方差分析等[299]。每个迭代过程中都需要重新计算所有当前向量参数对应的泰森多边形分布，以随机生成新的参数向量。因此随着迭代次数的增加，单个迭代过程的计算时间会逐步增加。后面的实际算例表明，相比于 PSO 和 DE，NA 具有最快的收敛速度，但在相同迭代总次数条件下，其计算效率却是最低的。

　　图 4-3 是利用 NA 求解与图 4-1 对应的二维目标函数最优解的示意图。图 4-3(a)显示了随机分布的初始解和相应的泰森多边形，图 4-3(b)结果显示经过 15 次迭代后新增参数向量的值都已经收敛到最优解附近。

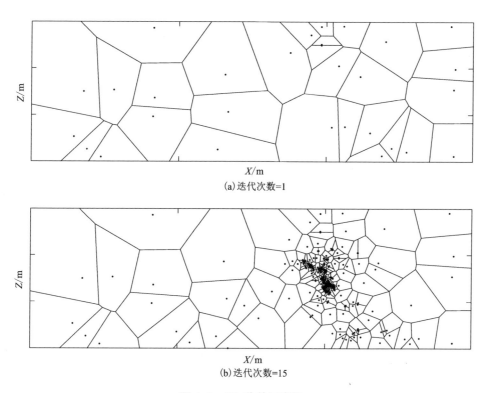

(a)迭代次数=1

(b)迭代次数=15

图 4-3　NA 收敛示意图

4.2　实际数据应用案例

　　自 20 世纪初,与地下采矿有关的地震活动就已被观测到[300]。矿震活动与矿山安全生产密切相关。例如,岩爆常常是造成矿山安全事故的主要原因。被动地震监测可以有效地探测和评估地下矿山周围的地震活动性和进行地震灾害预警[15]。在能源勘探开发领域,水力压裂是实现非常规油气经济开采和地热开发中制造热量交换与循环的关键技术。水力压裂会导致岩石破坏诱发微地震,通过对微地震信号进行处理和解释可以了解水力裂缝展布形态和发育情况。检波器可以安装在井中、浅地表和地面。与井中布设监测阵列成本高、检波器数目少相比,地面监测阵列布设成本更低,且能方便地布设由成百上千个检波器组成的圆形、规则网格或星形等具有不同方位覆盖特点的监测阵列。虽然大量且密集的检波器分布是波形类定位方法应用的理想条件,但小数目、散点状的地面监测网络也能用于波形叠加定位和研究成像算子的性能。

4.2.1　矿震监测数据

　　2006 年 6 月至 2007 年 7 月间,在德国鲁尔地区布设了临时微地震监测网HAMNET,以记录台网下方煤矿诱发的地震活动[96, 301, 302]。HAMNET 监测网络由 15 个三分量地面台站组成,覆盖区域约为 3 km×2 km。所监测的巷道面积范围约为 1 km×0.3 km,深度约为 1.1 km。该煤矿开采时间为 2006 年 8 月至2007 年 4 月。基于均匀速度模型的走时反演定位,已经检测和定位了 7000 多个矿震事件。这里从该矿震数据集中选取 100 个较弱事件(M_L = -0.8)进行测试。图 4-4 显示了 100 个选定的矿震事件和地面监测台站的分布,以及一个代表性事件的带通滤波后的垂直分量波形。目标成像区域大小为 5 km×5 km×5 km,网格间距为 50 m。对于 DS,激发时刻搜索范围是 [0, 6] s,搜索间隔为0.02 s。采用均匀速度模型 V_P = 3.88 km/s 计算走时表。

　　首先对三种随机性优化算法的收敛速度及收敛准确性进行测试和分析。收敛速度是指算法达到收敛条件的速度(迭代次数),收敛准确性是指算法能准确收敛到全局最优解的性能。这里只利用单震相(P 波)进行震源定位。

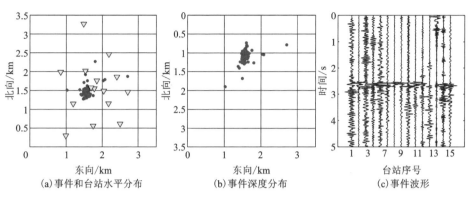

图 4-4　矿震事件参考定位结果和典型事件波形

　　应用三种随机性全局优化算法时选择的控制参数如表 4-1 所示。利用 CCS 和上述三种全局优化算法定位图 4-4(c)所示事件的收敛过程和成像结果见图 4-5~图 4-9。PSO、DE 和 NA 的结果分别用蓝色、红色和绿色表示。

表 4-1　三种随机性全局优化算法控制参数表

参数	算法		
	PSO	DE	NA
n_p	300	300	300
n_g	50	50	25
其他参数	w 随迭代次数线性递减 $c_1 = c_2 = 0.2$	$F = 0.4$ $C = 0.9$	$n_r = 50$

　　由图 4-5~图 4-8 所示的收敛过程可知，三种优化算法都能快速、准确地定位该事件。这里用图 4-8 中所示的两种方法来表示收敛速度：一是所有参数值的平均方差值，表征参数值的聚焦情况；二是到达目标函数最大值的速度。在相同的待求参数向量数目 n_p 条件下，NA 的收敛速度最快。由图 4-9 所示的成像结果可知，收敛速度较慢的 PSO 的震源区域的成像结果更加完整。相比之下，DE 的综合性能更好：其收敛速度比 PSO 快，成像结果的完整性优于 NA。

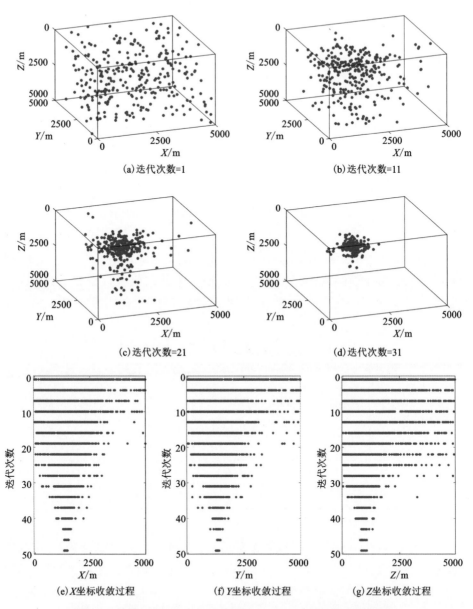

(a)迭代次数=1

(b)迭代次数=11

(c)迭代次数=21

(d)迭代次数=31

(e)X坐标收敛过程

(f)Y坐标收敛过程

(g)Z坐标收敛过程

图 4-5　利用 CCS 和 PSO 定位图 4-4(c)所示事件的收敛过程

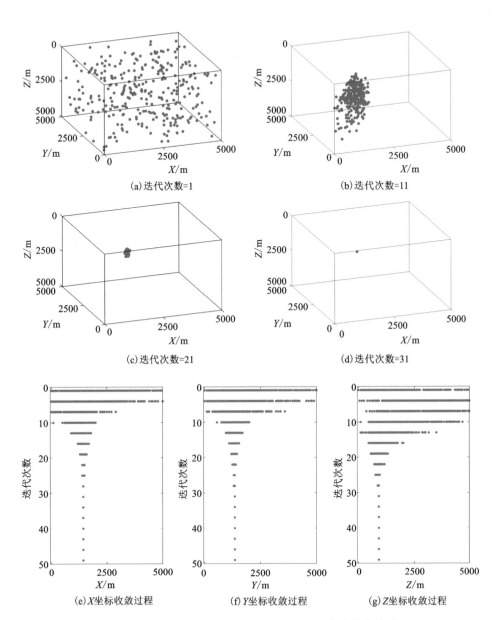

(a) 迭代次数=1

(b) 迭代次数=11

(c) 迭代次数=21

(d) 迭代次数=31

(e) X 坐标收敛过程

(f) Y 坐标收敛过程

(g) Z 坐标收敛过程

图 4-6 利用 CCS 和 DE 定位图 4-4(c) 所示事件的收敛过程

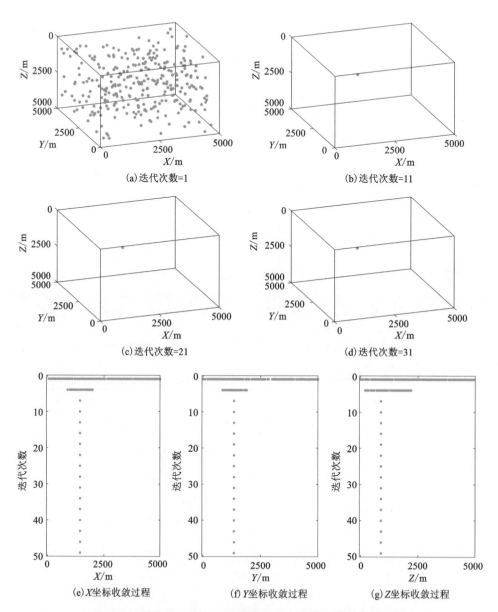

(a)迭代次数=1　　　　　　　　　(b)迭代次数=11

(c)迭代次数=21　　　　　　　　　(d)迭代次数=31

(e)X坐标收敛过程　　　　(f)Y坐标收敛过程　　　　(g)Z坐标收敛过程

图4-7　利用 CCS 和 NA 定位图 4-4(c)所示事件的收敛过程

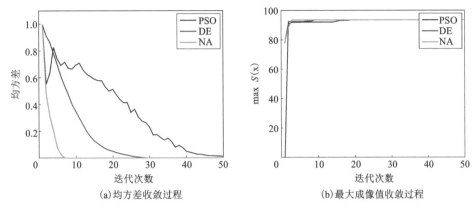

(a) 均方差收敛过程　　　　　　　　(b) 最大成像值收敛过程

图 4-8　利用 CCS 和三种全局优化算法定位图 4-4(c) 所示事件的收敛情况

接下来，选取 CCS 和 DS 对上述三种随机性全局优化算法进行测试。图 4-10 是三种波形叠加类成像方法结合三种优化算法对 100 个实际微地震事件的定位结果对比。图中 PSO、DE 和 NA 的结果分别用蓝色、红色和绿色表示，黑色代表全网格搜索(FGS)的结果。优化算法的控制参数仍采用表 4-1 所示的参数，收敛条件为固定的迭代总次数。

图 4-10(a) 是所需计算时间的对比。CCS、RCS 和 DS 三种方法利用 FGS的计算耗时分别约为 2 s、120 s、75 s (电脑参数：四核 Intel i5-2500 3.30 GHz，8 GB RAM)，三种优化算法对耗时较多的 RCS 和 DS 的提速效果比较明显，其中 DE 所需的计算时间最少。图 4-10(b) 是收敛准确性的对比。在采用固定的迭代总次数的条件下，DE 的收敛准确性最高，应用于三种方法时都能保证95% 以上的事件能收敛到全局最优解；NA 的收敛速度最快(图 4-8)，但是收敛准确性却是最低的，而且计算耗时也是最多的[图 4-10(a)]。PSO 所需计算时间和收敛准确性均介于 DE 和 NA 之间。需要说明的是，这里的对比只是基于固定的迭代总次数为收敛条件，并且各种优化算法的控制参数也没有经过系统的测试和调整，因此这里得到的只是初步的结论。

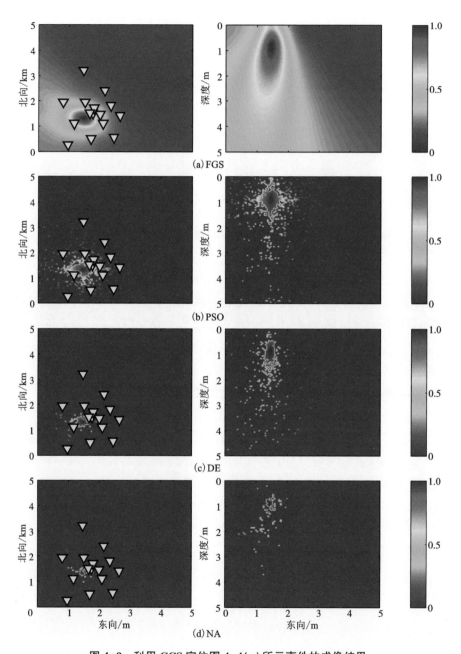

图 4-9　利用 CCS 定位图 4-4(c) 所示事件的成像结果

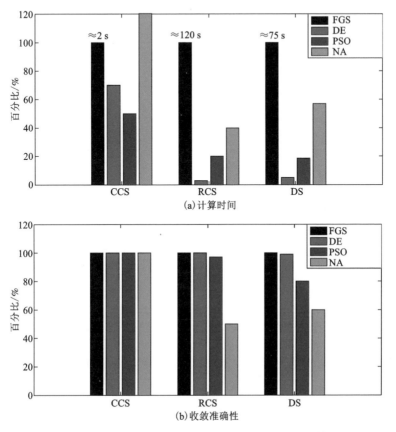

(a)计算时间

(b)收敛准确性

图 4-10　三种波形叠加类定位方法结合三种全局优化算法的计算时间(a)及收敛准确性(b)对比

4.2.2　油气开发微地震事件

本小节中，利用某油气储层监测的一个地面微地震事件进一步验证 DE 的性能[303]。图 4-11 为地面监测的星形检波器阵列、目标监测区域的 P 波速度模型及原始微地震记录垂直速度分量。定位目标区域大小为 7 km × 7 km × 4.4 km，空间步长为 50 m。对于 CCS 和 DS、DE 的个体总数和迭代总次数分别取 $n_p = 100$、$n_g = 50$ 和 $n_p = 1000$、$n_g = 300$，变异因子和交叉概率仍分别取 0.4 和 0.9。利用 CCS 和 DS 对该事件成像的结果见图 4-12 和图 4-13。

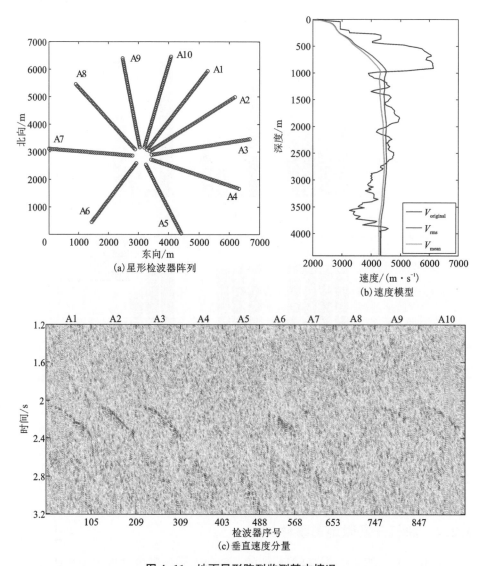

图 4-11　地面星形阵列监测基本情况

　　由于这里的地面监测阵列包含约 1000 个检波器，并且目标定位区域也较大（约 180 万个成像网格点），两种方法采用全网格线性搜索时都比较耗时。表 4-2 为利用 DE 加速前后的所需计算时间对比。DE 在保证定位结果准确的前提下，将 CCS 和 DS 的计算效率分别提高了约 30 倍和 20 倍。

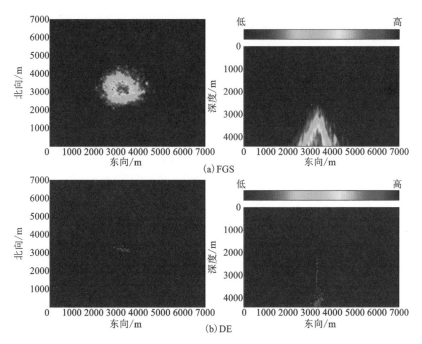

(a) FGS

(b) DE

图 4-12　利用 CCS 定位图 4-11(c) 所示事件的成像结果

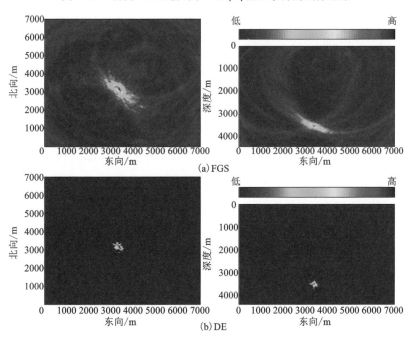

(a) FGS

(b) DE

图 4-13　利用 DS 定位图 4-11(c) 所示事件的成像结果

表4-2　两种方法的定位结果及所需计算时间对比

结果	方法			
	CCS	CCS+DE	DS	DS+DE
(E, N, D)/km	(3.35, 3.15, 4.40)	(3.35, 3.15, 4.40)	(3.40, 3.10, 3.50)	(3.40, 3.10, 3.50)
T_C/s	≈14600 s	≈450 s	≈1500 s	≈70 s

4.3　控制参数的优化流程

　　控制参数能直接影响随机性优化算法的性能，例如算法的收敛速度和收敛准确性等。目前有两种设置控制参数的方法：预先调整(parameter tuning)和实时控制(parameter control)。前一种方法是先参考经验法则找到参数的良好值，然后使用固定的控制参数值运行算法，而后一种方法是在优化过程中不断调整和优化控制参数[304]。尽管参数实时控制具有自适应性，更加灵活，但它会引入新的参数并增加复杂性。此外，随机性优化算法具有明显的问题和数据依赖性，而固定的控制参数对于较低维数(一般为三维或者四维)的震源定位问题是有效的。因此，本书选取预先调整方法设置和优化控制参数。

　　本书提出如下控制参数优化流程(图4-14)，以提升随机性优化算法应用于震源成像时的性能[134]：

　　①选取待测试的震源定位方法和随机性优化算法。

　　②根据已有参考资料和经验法则等[296, 298, 305, 306]获得控制参数值的调节范围；

　　③针对震源成像的目标函数，采用两种重复性测试进行相应控制参数的测试。其中Ⅰ类重复性测试是针对单个事件进行多次(例如100次)独立测试，Ⅱ类是在数据集中选取的多个(例如100个)事件各进行单次测试。

　　④分析不同控制参数条件下目标函数的收敛性能，主要考虑收敛的准确性/可靠性和计算效率，分别用成功率(SR)和加速比(speedup)来表征。成功率定义为搜索到真正全局极值的次数占测试总次数的百分比，它表示算法的稳定性或可靠性。加速比定义为全网格搜索(FGS)用时和优化算法搜索用时的比值，该值越大表明计算效率提升越大。

通过控制参数优化，不仅可以获得更加合适的算法及其相应的控制参数，而且还有助于揭示不同震源定位方法和成像函数的性能。

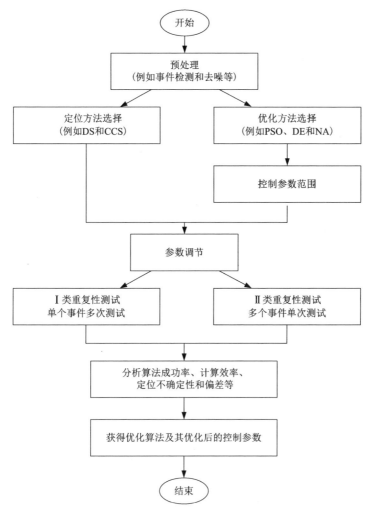

图 4-14　控制参数优化流程图[112]

结合图 4-14 所示的控制参数优化流程，验证随机性算法应用于震源成像的可行性和控制参数优化的有效性。为简化分析，本书选取固定的迭代次数作为所有算法统一的收敛条件。基于已有的经验参数和前期测试[112]，选取各算法对应的控制参数条件范围如表 4-3 所示。本章所有计算均在同一台本地计算机上(电脑参数：六核 Intel i7-8700 3.20 GHz, 8 GB RAM)使用串行代码完成，并将全网格搜索的运算时间作为对比标准，以保证加速比/运算效率结果对比的公平性。将三种算法分别应用于 CCS 和 DS，基于控制参数条件范围(表4-3)和参数优化流程(图 4-14)，对控制参数进行系统的测试和优化。

表 4-3　三种算法的控制参数调节范围

参数	PSO	DE	NA
NP	$\begin{bmatrix} 30 & 50 & 100 & 250 & 550 & 1000 \end{bmatrix}$	$\begin{bmatrix} 30 & 50 & 100 & 250 & 550 & 1000 \end{bmatrix}$	$\begin{bmatrix} 50 & 100 & 250 & 550 & 1000 \end{bmatrix}$
NG	$\begin{bmatrix} 30 & 50 & 100 \end{bmatrix}$	$\begin{bmatrix} 30 & 50 & 100 \end{bmatrix}$	$\begin{bmatrix} 30 & 50 \end{bmatrix}$
其他参数	$c_1 = c_2 = 2$ $w = \begin{bmatrix} 0.7 \\ 1 : -(1-0.3)/NG : 0.3 \end{bmatrix}$	$F = 0.5$ $C = \begin{bmatrix} 0.5 & 0.9 \end{bmatrix}$	$n_r = \begin{bmatrix} 25 & 50 \end{bmatrix}$

对于 CCS，完整结果表明两种重复性测试结果的一致性较好，这意味着单个事件的重复测试可以在很大程度上反映来自同一数据集的总体结果。此外，控制参数对成功率的影响较小，三种算法应用于 CCS 震源定位时效果较好。图 4-15(a)显示了 100 个事件测试的成功率(实线)和相应的加速比(直方图)。这三种算法均具有很高的成功率，并且与全网格搜索的震源定位结果具有很好的一致性。PSO、DE 和 NA 最高加速比分别为 260、260 和 13，且 PSO 和 DE 的平均加速比明显高于 NA 的平均加速比。图 4-15(b)显示了单个事件 100 次独立测试的平均收敛速度，利用归一化平均标准差(NASD)和归一化平均成像值(NAF)进行表征。这三种算法具有接近且良好的收敛速度，收敛到全局最优值只需要不到 20 次迭代，这表明 CCS 的成像函数具有良好的收敛性能。

对于 DS，类似于 CCS，两种重复测试的结果几乎一致。但是，这三种算法应用于 DS 的成功率均远低于 CCS，这主要是由于 DS 成像函数更加复杂导致的。图 4-16 显示了三种优化算法的成功率、加速比和收敛速度。PSO 的成功率随着迭代次数和粒子总数稳步提升。NA 的成功率仅为 20%~30%，表明其应用于 DS 震源成像时搜索能力较弱，缺少局部极值跳出机制，表现为收敛速度快、成功率低。DE 的成功率仍然相对较高，当迭代次数达到 100 时，成功率就已接近 100%。PSO、DE 和 NA 的最高加速比分别为 20、2000 和 20，DE 的平均加速比远高于 PSO 和 NA。此外，三种算法应用于 DS 成像函数时的收敛

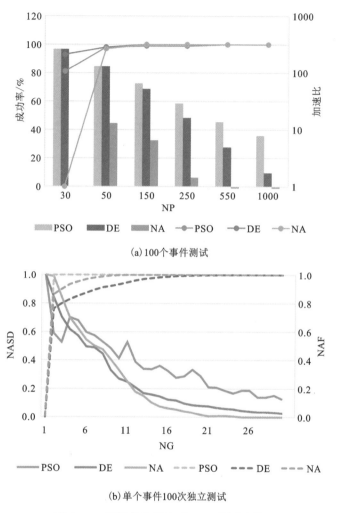

(a) 100个事件测试

(b) 单个事件100次独立测试

图 4-15 不同优化算法对 CCS 的测试效果

速度更慢，这是由于 DS 成像函数中包含激发时刻变量，CCS 成像函数中的激发时刻由于互相关运算已经被解耦。如图 4-16(b)所示，在使用更多搜索粒子或个体的条件下，PSO 和 DE 仍需要约 40 次迭代才能收敛到全局最优值。

通过以上控制参数优化测试和分析，可以为应用于 CCS 和 DS 的三种算法分别选取合适的控制参数如下：PSO、DE 和 NA 的通用参数分别为($w = 0.7$)、($F = 0.5$，$C = 0.9$)和($n_r = 50$)，对应于 CCS 和 DS 的个体数和迭代总次数分别是($NP = 50$，$NG = 30$)和($NP = 550$，$NG = 50$)。基于这些参数对一个随机选取的

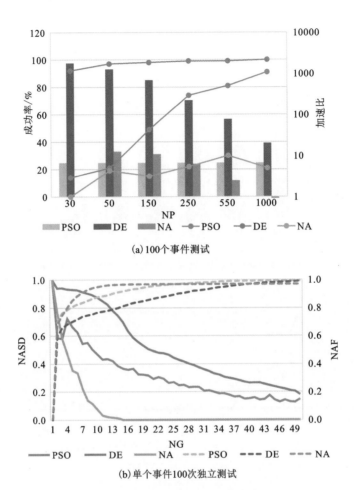

(a) 100个事件测试

(b) 单个事件100次独立测试

图4-16 不同优化算法对 DS 的测试效果

样本事件进行成像和定位。CCS 和 DS 的成像结果见图 4-17 和图 4-18。随机性优化算法能将待求解的震源参数快速收敛到震源区域，跳过或忽略了大部分的成像网格点，从而提高了波形叠加定位方法的计算效率。CCS 和 DS 对该样本事件定位的不确定性分别为 83.57 m 和 378.59 m。考虑到波形的主频成分（约 20 Hz）和网格步长（50 m），上述定位不确定性在可接受范围之内。成功率与定位不确定性的准确性有很好的相关性：CCS 的高成功率对应的是更加可靠稳定的定位不确定性（约 80 m），而 DS 的低成功率对应的是更加不稳定的不确定性结果（范围为 250~1600 m）。DE 获得的定位不确定性最低也最稳定，表明其对应的定位结果更加稳定可靠。

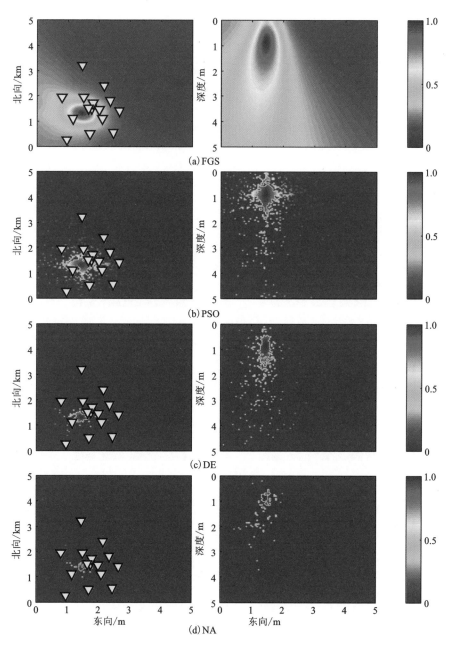

图 4-17　互相关叠加震源成像结果

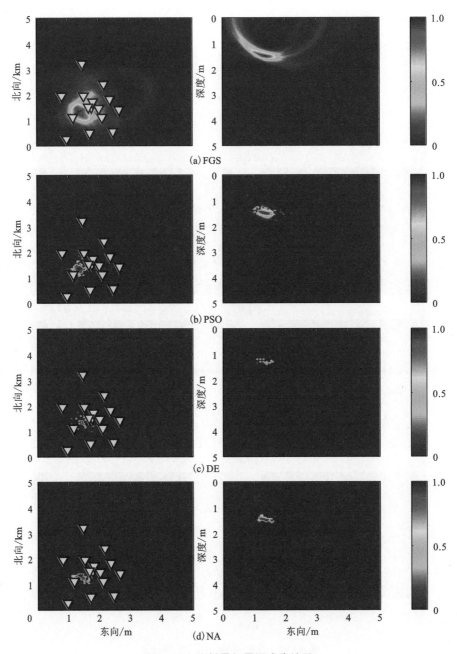

图 4-18　绕射叠加震源成像结果

考虑到 PSO 和 NA 应用于 DS 时的成功率相对较低，对两种算法的定位结果进行深入分析。选择上述优化后的控制参数，即（$w=0.7$）、（$n_r=50$）和（$NP=550$，$NG=50$），PSO 和 NA 对应的成功率分别为 79% 和 30%。图 4-19 为详细定位结果。图中红色、蓝色和绿色圆点分别表示 FGS、PSO 和 NA 的结果。以全网格搜索结果为参考，PSO 结果在东向、北向和垂向的平均位置偏差分别为 [44.0 m、24.5 m、173.5 m]，总体平均位置偏差为 185.7 m。NA 的对应结果为 [121.0 m，83.5 m，611.5 m] 和 643.9 m。PSO 较高成功率意味着较低的位置偏差，即与全网格搜索定位结果更加一致，事件分布也更加集中。最大的偏差是在深度方向，这是因为地面监测条件下震源深度和激发时刻相互耦合。

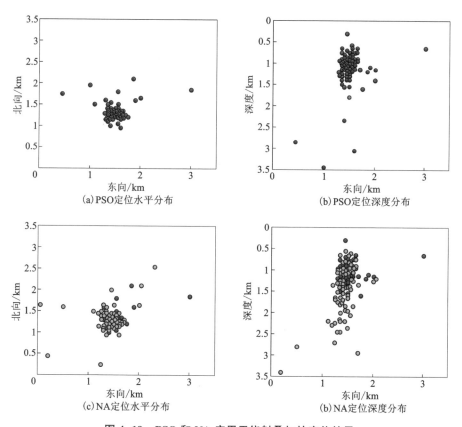

图 4-19　PSO 和 NA 应用于绕射叠加的定位结果

通过采用实际矿震数据对两种波形叠加震源成像函数及随机性优化算法控

制参数进行测试分析，充分验证了此类优化算法应用于微地震震源成像的可行性与可靠性。一方面，优化算法能有效加速目标函数的收敛过程，大幅减少波形叠加定位的计算成本；另一方面，在优化算法控制参数的优化过程中发现，除了算法及其控制参数，叠加成像函数本身的收敛性能也直接影响了优化算法的应用效果。因此，可以基于优化算法的收敛性能对波形叠加函数的收敛性能进行研究，从侧面评价波形叠加震源成像结果的可靠性和稳定性。

第 5 章

波形叠加地震定位方法的多尺度应用

波形叠加地震、震源定位方法均可在多尺度情形下的研究和应用已经初步验证了方法的可行性，并揭示了其在应用于不同尺度震源定位问题时的适用性和局限性。本章主要详细介绍波形叠加地震定位方法从实验室尺度到区域尺度的具体应用实例。

5.1 室内压裂实验尺度

5.1.1 声发射监测技术

室内声发射(AE)监测已广泛应用于岩石破裂研究[29-31, 307]。不同尺度的岩石破裂现象具有高度相似的物理过程，地震本质上是地球岩石介质的声发射现象[27-29, 308, 309]。为了更好地研究微地震(声发射)诱发机理和压裂裂缝演化规律，研究者们在相对可控的实验条件下开展压裂声发射实验研究。室内实验研究可以有效避免实际复杂地质条件等外界环境因素的影响，更利于揭示压裂声发射和裂缝演化的物理本质，搭建压裂数值模拟和现场应用之间的桥梁[157, 310, 311]。声发射实验获得的应力-应变曲线和声发射事件震源位置、展布形态及震源机制等有助于揭示岩石破坏的微观物理机制和过程，能为指导页岩气压裂开采提供一定的实验依据。

传统的声发射技术受限于数据采集系统和计算机存储能力，主要基于表征声发射活动性的统计类参数(例如声发射事件计数、振幅、能量等)进行分析，被称作声发射参数分析法(parametric AE analysis)[26, 157]。该方法的优势在于能够快速获取并显示相应参数,缺点是不能可靠地区分有效声发射事件和噪声信号,也无法进行破裂机理的精细分析。为了提高声发射技术的可靠性,进一步量化数据处理结果,研究者们提出了基于深入挖掘波形信息的声发射波形特征分析法(signal-based AE analysis)[157, 118, 312]。该方法通过波形信号处理手段(例如时频分析和震源机制反演等)大幅提高了声发射数据解释的可靠性,也使得破裂过程力学机制的分析成为可能。基于波形的声发射定位是一种较新的声发射波形特征分析法[159, 98]。目前,至少有两方面因素影响波形类定位方法应用于声发射定位的性能:一是声发射信号的复杂性,包括低信噪比、高频率、高事件发生率、不同震相之间的间隔极短以及可能存在样品边界的反射波;二是不可靠的传感器校准。

5.1.2 页岩水力压裂声发射监测实验

本次研究所用样品取自中国湖南益阳牛蹄塘组页岩露天样品。本次实验测试了6个页岩样品,其中3个为水平层理特征(层理面方向与轴向平行),记为H1、H2、H3;其余3个为垂直层理特征(层理面方向与轴向垂直),记为T1、T2、T3。将页岩样品处理成高100 mm、直径为50 mm、误差小于0.5 mm的圆柱样,并在圆心处钻孔,钻孔直径为3 mm,长55 mm,如图5-1(d)所示。利用X射线衍射法测得页岩矿物组成成分中石英含量平均占比为74.2%,属脆性岩石,且样品表面无明显裂缝。水力压裂加载实验在中国科学院声学研究所GCTS RTR-2000岩石力学系统[图5-1(a)、(c)]上完成。在实验过程中,使用美国物理声学有限公司生产的PAC声发射监测系统实时监测注水过程中页岩样品破裂产生的声发射信号。声发射监测系统的组成部分包括声发射数据采集、传感器、前置放大器,以及记录、处理和显示单元,如图5-1(b)所示。

注水压裂实验步骤如下:

①套封井眼。在样品的钻孔中插入一根长50 mm、涂有环氧树脂的钢管,对钻孔进行套封。套封后的样品保存24 h后再进行后续实验。

②传感器安装。将热缩管与页岩样品紧密贴合,再利用蜂蜜将声发射传感器粘在热缩管表面。本次实验将6个声发射探头分三组对称安装在样品的底部(15 mm处)、中部(50 mm处)和上部(85 mm处)位置。

③轴向加载。以2 MPa/min的加载速率对样品进行轴向加压至35 MPa。

④注水压裂。将清水以2 MPa/min的速度注入钻孔。当孔隙压力突然下降时,表明岩样已经破裂,关闭系统。

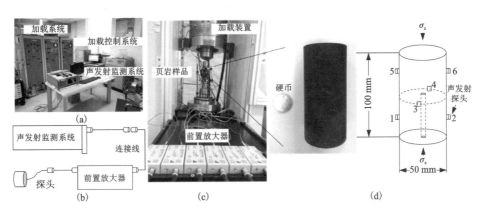

图 5-1　页岩样品尺寸和 GCTS RTR-2000 岩石力学系统

⑤CT 扫描。实验结束后，取出破碎的样品进行微米 CT 扫描，得到样品的三维图像和二维切片。

以样品 H2 为例，经过声发射数据整理和事件筛选后，获得了能够进行定位的有效声发射事件 164 个。利用绕射叠加和互相关叠加分别对所有事件进行定位。表 5-1 列出了本章中不同尺度数据集对应的采集和定位参数。图 5-2 为一个典型事件的波形(该事件只被 5 个声发射探头接收)和两种波形叠加法的震源成像结果。声发射探头的方位覆盖较好，而数目偏少，声发射能量能够聚焦，但是成像分辨率偏低。图 5-3 为所有声发射事件的定位结果与 CT 扫描结果的对比，可见两种方法定位获得的声发射事件均集中在岩样的中下部，与 CT 扫描获得的裂缝面位置基本吻合。

表 5-1　不同尺度数据集对应的采集和定位参数

参数	实验室尺度		勘探压裂尺度 实际/合成	区域尺度
	室内监测	小型压裂		
采集通道数目	6×1	32×3	197×3	约 1800×1
事件数目	164	186	180/180	2
采样率	1 MHz	1 MHz	250 Hz/200 Hz	500 Hz
定位目标区域	0.05 m×0.05 m ×0.1 m	30 m×35 m ×20 m	50 km×40 km ×8 km	35.2 km×45.2 km ×8 km
速度模型	均匀各向同性	均匀各向同性	平层各向同性	平层各向同性
网格步长/m	0.001	1	100	400

续表5-1

参数	实验室尺度		勘探压裂尺度 实际/合成	区域尺度
	室内监测	小型压裂		
带通滤波参数	—	1~50 kHz	—	—
短/长时窗数目	20/40	80/160	30/60	25/50

5.2　小型压裂实验尺度

　　小型现场水力压裂实验可以搭建室内实验研究和现场施工之间的桥梁,有助于提高对压裂储层改造作用的认识,并能提升室内实验研究结果的适用性。小型尺度现场水力压裂和水压测试实验通常被用来研究裂缝的起裂和扩展机制、量化储层的渗透率变化和量化天然裂缝或断层的刚度等[313-315]。此类实验通常是从井孔或者巷道处进行注水压裂,并保证可控的实验条件,例如在压裂位置周围布设相对密集的监测阵列。20 世纪 80 年代,研究者们在 Nevada 实验场针对孔隙率和渗透率均较高火山凝灰岩开展了一系列的小型压裂实验[314, 316]。实验过程中对注水压力、注水量、裂缝孔径进行监测,实验结束后对破裂的岩石进行钻取和分析。结果表明,应力差是导致水力裂缝封堵的主要因素,水力裂缝由多条分支裂缝组成,与理论研究中假设的简单形状差异较大,而裂缝形状的复杂性影响了水力裂缝内部的流体和压力分布。

　　天然裂缝滑动和扩张导致的渗透率不可逆的增加与地热开发和油气藏的增产密切相关。大尺度地热储层开发作业的实际经验表明,结晶岩储层中的水力剪切作用是提升距离注水点数十米范围内储层渗透率的主导机制[317]。然而,水力裂缝起裂和扩展则可能是连接井筒区域与储层已有天然裂缝,形成复杂缝网的重要机制[318]。2017 年,研究者们在瑞士的 Grimsel 实验场开展了一项小型(十米级)的现场压裂和循环实验,以期提高对裂缝性结晶岩体压裂过程中流体力学耦合作用的理解[319-321]。该实验的主要流程是向裂缝性岩体中分阶段多次注入少量的水(每次最多 1 m³),以诱发断层滑动和破裂,并对压裂过程中岩体的应变、压力和微地震活动进行实时测量。实验中揭示的裂缝和断层起裂和扩展的规律对于增强型或工程型地热系统和提高油气井产能的技术开发至关重要。

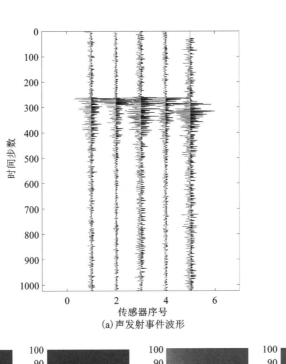

(a) 声发射事件波形

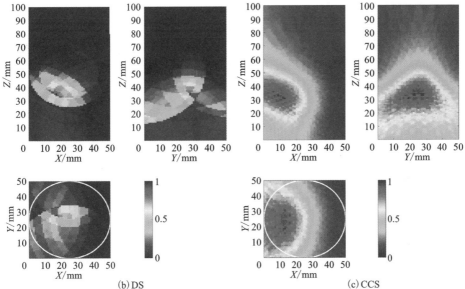

(b) DS　　　　　　　　　　　　　　　(c) CCS

图 5-2　声发射事件波形和波形叠加定位结果

　　水力压裂会产生大量的需要快速检测和定位的微地震或声发射事件。这里以 Grimsel 实验场 SBH3 井压裂微地震监测数据为例[321]，分析波形叠加法在小

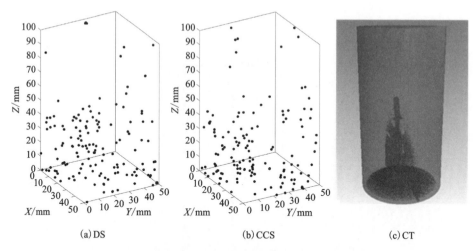

(a) DS   (b) CCS   (c) CT

图 5-3 样品 H2 声发射波形叠加定位和 CT 扫描结果

型尺度微地震数据中的应用效果。该套微地震数据由一个 32 道采集系统进行采集，其中 28 道为布设在井筒和巷道壁上的压电陶瓷传感器，其余 4 道为布设在 4 个重复位置的加速度计。采集系统的数据采样率为 1 MHz。详细数据参数见表 5-1。

采用空间网格步长 $dh = 1$ m 和均匀各向同性速度模型 $V_p = 5150$ m/s 计算理论走时表，然后利用垂直分量的 P 波进行震源成像。图 5-4 显示了两个样本事件的波形及绕射叠加和互相关叠加的定位结果。图 5-5 为两种方法对所选取的 186 个事件的定位结果与已有定位结果的对比。图 5-4(a)、(b) 和 (c)、(d) 分别为两个典型微地震事件的波形及其震源成像结果，图 5-4(e) 为波形叠加定位结果与采用联合定位方法(JHD)[321] 结果的对比。由图 5-4 可知，两种波形叠加方法对一部分事件的震源能量聚焦效果，与已有定位结果吻合很好，但对一部分事件的成像分辨率偏低，特别是东向存在明显的条带状假象，导致拾取的最大震源成像值位置在东向与已有定位结果存在明显偏差。造成这一结果的可能因素包括不规则和受限的监测覆盖范围、无传感器校正和简化的均匀各向同性速度模型等。这也揭示了波形叠加法在应用于小尺度、高频(微)地震事件时还存在成像分辨率偏低、对速度模型敏感性较强等不足之处，有待继续开展深入研究。

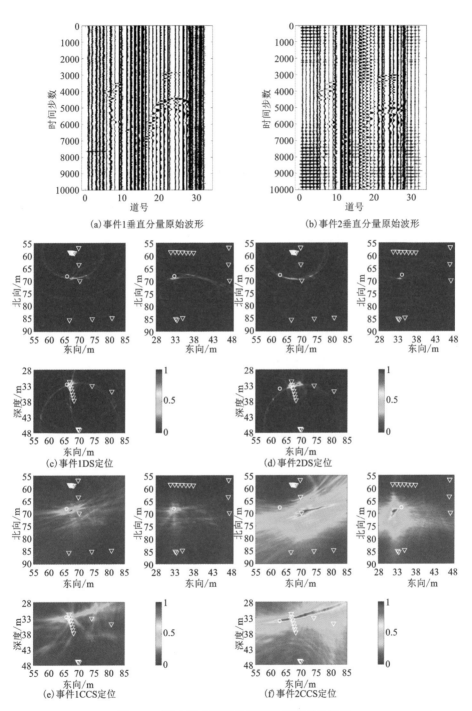

图 5-4　两个样本事件的波形和震源成像结果

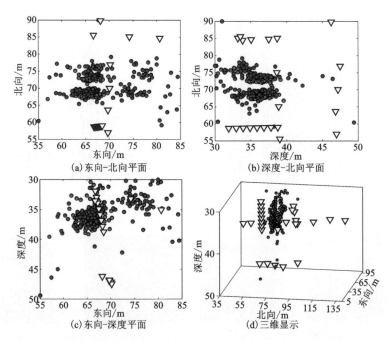

图 5-5　绕射叠加定位结果（蓝色圆点）与已有定位结果（红色圆点）对比

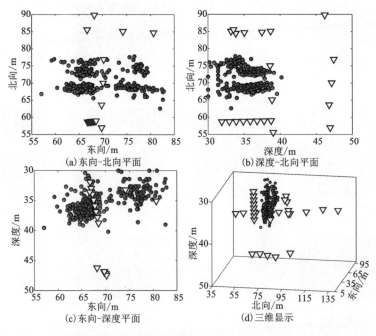

图 5-6　互相关叠加定位结果（蓝色圆点）与已有定位结果（红色圆点）对比

5.3　水力压裂微地震尺度

　　近年来，页岩气革命改变了美国的能源结构，甚至影响了全球的能源市场[322]。美国和加拿大相继率先实现了北美地区页岩气资源的商业开采，英国和德国等欧洲国家都完成了页岩气资源的探索性开发，墨西哥和澳大利亚等国也发现了丰富的页岩气资源，正在努力实现商业化开发[323]。我国在页岩气勘探开发方面也已取得重大突破，国家发改委、能源局于 2012 年批准设立了长宁-威远、昭通、涪陵等国家级海相页岩气示范区和延安国家级陆相页岩气示范区，其中，涪陵页岩气田是我国第一个实现商业开发的大型页岩气田[324]。页岩气作为国家能源储备的重要组成部分，在保障能源安全、优化能源结构、满足能源需求等方面具有重要的实际意义。

　　页岩储层具有低孔隙度、低渗透率的特征，水力压裂是实现页岩气经济开采最关键的技术之一。水力压裂是指通过向储层注入高压流体制造或改善裂缝网络，以提高储层渗透率和油气产量的技术，其基本原理是当注入压力超过岩石最小主应力时，岩石发生破裂，形成从井壁向外扩展的水力裂缝[325, 326]。为确保压裂施工的顺利进行，需要对水力裂缝进行实时监测。在当前所有水力裂缝监测方法中，微地震监测是水力裂缝发育描述、压裂效果评价和压裂施工指导最有效的方法，也已成为页岩气等非常规地质能源开发的关键作业程序[16, 25, 14, 21, 22]。微地震监测技术通过监测水力压裂等工程作业诱发的微弱地震波，对地下裂缝进行成像和分析。微地震数据反演是微地震资料处理的主要内容，主要包括震源定位、震源机制反演和地质力学参数反演等。微地震监测技术利用岩石破裂位置的时空分布对储层裂缝的形态和发育进行描述与分析。因此，震源定位是微地震资料处理中最基础的内容，也是后续震源机制反演和储层地质力学分析的前提。

　　本节以我国四川盆地某页岩气区块的密集台阵诱发地震和微地震监测为例[327, 328]，根据实际的两套地面观测系统和参考速度模型进行了矩张量震源微地震波形数值模拟，利用第 3 章介绍的有限差分数值模拟方法生成了 180 个合成微地震事件的三分量波形，分析了信噪比、监测阵列和速度模型等不同因素对波形叠加定位的影响作用，最后对实际微地震事件进行了定位。更多本数据集相关的参数见表 5-1。

5.3.1　合成数据案例

本套数据集的观测系统包含两套地面监测台阵, 分别为由 187 个和 10 个三分量地震仪组成的密集台阵和稀疏台阵。结合实际观测系统和已有的一维层状速度模型, 利用有限差分数值模拟方法合成了 180 个具有不同双力偶震源机制(断层平面解的走向、倾角和滑动角在[40° 90°]、[30° 80°]、[100° 150°]范围内随机变化)的震源在 197 个台站的振动速度三分量合成记录。这些震源的三维空间坐标(x, y, z)在一定范围内([20 km 30 km], [10 km 20 km], [2 km 5 km])随机变化(图 5-7)。

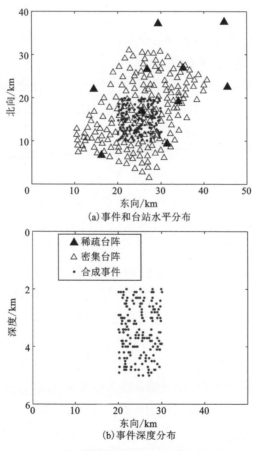

图 5-7　两套地面监测台阵与合成事件的空间分布

在所有事件的每道记录中加入三种不同程度的实际噪声，即从每道中提取一段实际噪声数据后按不同振幅比例分别填充添加到对应道的合成记录中[329]，根据所添加的噪声大小分别称为弱噪声、中等噪声和强噪声数据。图 5-8 为一个实际微地震事件的垂直分量波形。图 5-9 为弱噪声和强噪声的合成微地震波形。可见模拟事件的基本波形形态和走时规律与实际数据比较相似，强噪声数据的噪声水平明显高于实际数据。

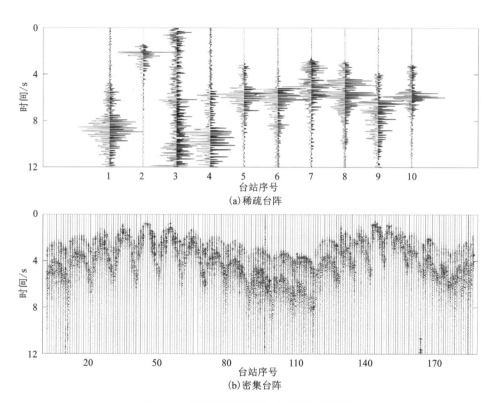

图 5-8　实际微地震事件的垂直分量波形

图 5-10 为图 5-9 所示事件不同噪声水平对应的互相关叠加震源成像结果。这里只考虑垂直分量，即利用垂直分量生成对应的长短时窗比值（STA/LTA）作为特征函数进行波形叠加定位。从波形叠加震源成像结果中可见噪声对稀疏台阵的影响，由于只有 10 个台站，成像剖面中的条带状假象和噪声成分随着波形记录噪声水平的升高而更加明显，但基本都能够实现震源能量

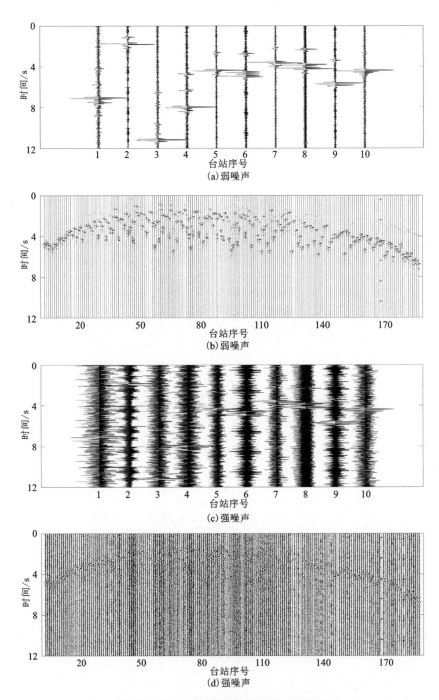

图 5-9　合成微地震事件的垂直分量波形

的准确聚焦和成像。密集台阵具有 187 个监测台站，受噪声的影响较小，仍然
能保持较好的成像分辨率。

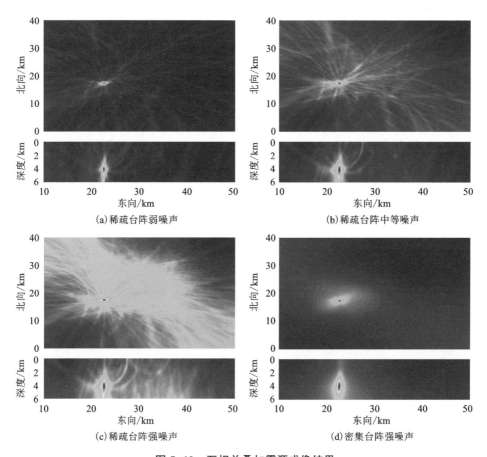

(a) 稀疏台阵弱噪声　　　　　　　　　(b) 稀疏台阵中等噪声

(c) 稀疏台阵强噪声　　　　　　　　　(d) 密集台阵强噪声

图 5-10　互相关叠加震源成像结果

以强噪声数据为例，考察了速度模型对定位的影响，测试了两套监测系统中
准确水平层状速度模型和均匀速度模型的定位效果。对全部 180 个合成事件的强
噪声数据进行互相关叠加定位，结果如图 5-11 所示。其中红色点代表真实震源
位置，蓝色点代表互相关叠加获得的位置。定位误差分布如图 5-12 所示。总体
而言，密集台阵监测的定位效果更优，超过 95% 的事件定位误差在 500 m 以
内。即使在均匀速度模型条件下，在水平方向仍然可以保证较高的定位准确
性，深度方向的定位误差也明显小于稀疏台阵，超过 80% 的事件定位误差在

2000 m 以内，这主要得益于其较高的空间采样率和较好的方位覆盖性。

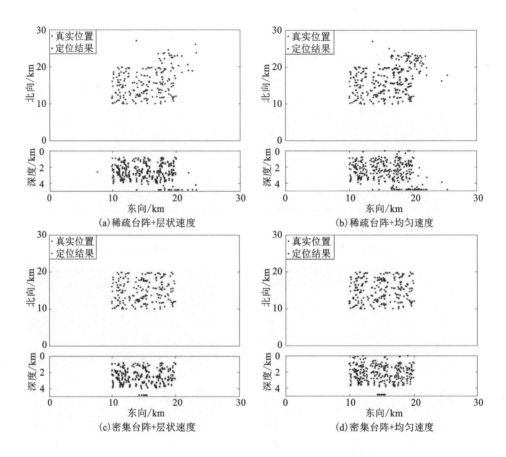

(a)稀疏台阵+层状速度

(b)稀疏台阵+均匀速度

(c)密集台阵+层状速度

(d)密集台阵+均匀速度

图 5-11　两种监测阵列对应两种速度模型的定位结果

5.3.2　实际数据案例

接下来对实际数据进行定位处理和分析。从实际数据集中挑选了 180 个事件，利用密集台阵和稀疏台阵监测的数据进行波形叠加定位。图 5-13 为图 5-8 所示实际事件的互相关叠加震源成像结果，可见水平方向的分辨率较高，深度方向的分辨率低于合成数据，这主要是受实际速度模型不确定性和复杂震相的影响造成的。

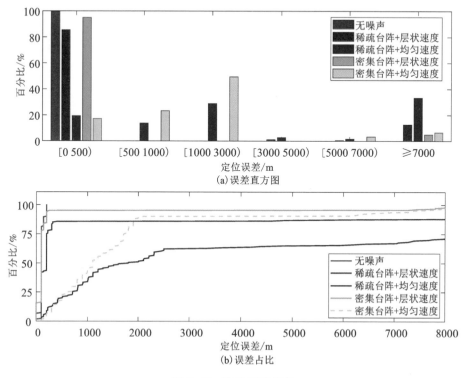

(a) 误差直方图

(b) 误差占比

图 5-12　定位误差分布

图 5-14 显示了波形叠加定位和已有的走时反演定位的结果对比。对于挑选出来的两套台阵监测的相同的 180 个事件，不同方法的定位结果比较一致，特别是密集台阵监测水平方向的定位结果吻合较好，但是在深度方向存在一些偏差。对于相同的监测台阵，波形叠加法和走时反演法无论在水平方向还是深度方向的事件空间分布形态和范围基本一致。

受实际速度模型不确定性和复杂震相(第 3.3.2 小节)的影响，波形叠加法在深度方向的定位结果还比较分散。由于没有绝对准确的定位信息，这里用定位偏差表示波形叠加定位结果与走时反演定位结果之间的差异。图 5-15 显示了两套台阵波形叠加定位之间的偏差及其与参考结果的定位偏差。总体上，密集台阵监测的定位结果更优，80%的实际定位结果偏差在 1000 m 以内，这与前面合成数据测试的结论一致。后续可以考虑通过机器学习辅助震相识别和相对定位等方法进一步优化定位结果。

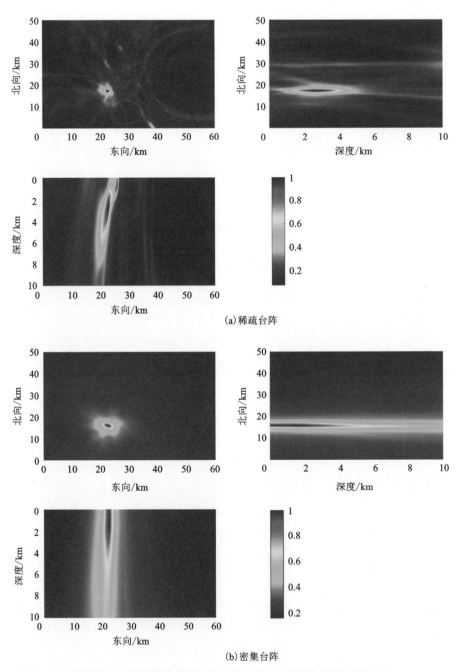

(a) 稀疏台阵

(b) 密集台阵

图 5-13　实际微地震事件(图 5-8)的互相关波形叠加成像结果

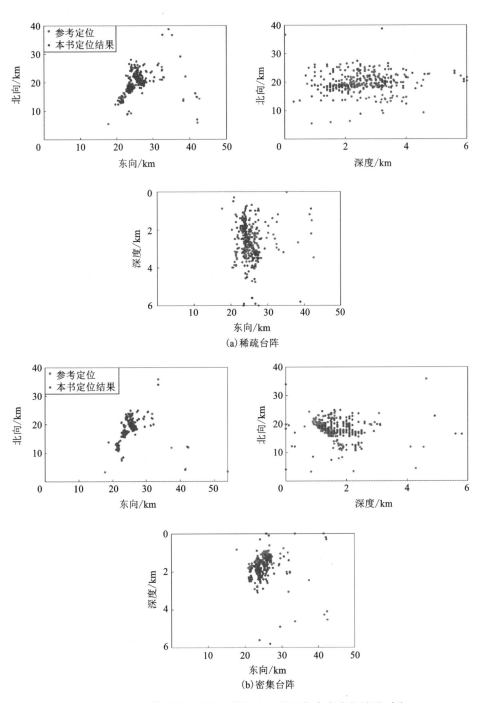

图 5-14　实际微地震事件波形叠加定位结果与参考定位结果对比

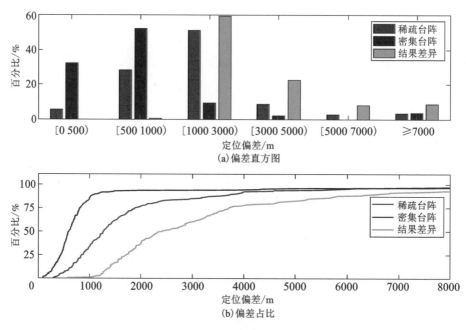

图 5-15　定位偏差分布

5.4　局域诱发地震尺度

在研究地震活动性时, 震源定位是一个基础而关键的处理流程。地震学研究涵盖的范围很广, 在局域和区域尺度的应用主要包括地层速度结构反演和地壳应力场描述等。详细而准确的地震目录是地震学研究的重要基础, 甚至直接关系到地震监测和地震预报的可靠性。随着密集地震台网监测技术和计算机科学的不断发展, 波形类地震检测和定位方法在区域和全球尺度的地震活动分析中正发挥着越来越重要的作用。

许多人类活动都会诱发或触发地震活动, 根据震级和持续时间等特征的不同可以分为持续微地震活动(如矿山、油气储层和地热开发诱发的地震活动), 高频度微地震活动(如水力压裂在短时间内诱发的大量微地震事件) 以及中等强度诱发地震和灾难性的大震级事件(如压裂施工和水库诱发的地震活动)[35]。诱发地震活动监测对工业生产和公共安全都具有重要意义。微地震监测对于储层描述至关重要，例如裂缝几何形态描述、流体运移监测和油藏地质力学分析等，而大震级诱发地震主要用于潜在的地质灾害管理和预警[7]。近年来，与非常规储层水力压裂活动有关的大震级诱发地震事件在世界各地都有报道，如美国俄克拉何马州中南部[330]、英国布莱克浦地区[9]、加拿大西部沉积盆地[10]和中国四川盆地[12]等。特别地，美国俄克拉何马州在过去十年中观测到的地震事件数目大幅增加，很大程度上是由于能源生产活动的废水回注造成的[331-333]：从 2009 年开始，地震活动主要集中在俄克拉何马州中部；随着能源生产活动的继续进行，地震活跃区域继续扩大；2014 年底，地震活动覆盖了该州的大片地区，并在 2015 年达到顶峰。当时在俄克拉何马州中北部和堪萨斯州南部与密西西比石灰岩储层开发有关的地震活动变得最活跃。对于俄克拉何马州这种天然地震并不活跃的区域，流体注入等人类生产活动诱发的地震对地震灾害的监测和预警有重要影响[334, 335]。

　　2016 年，美国地质调查局在俄克拉何马州格兰特县布设了超过 1800 个垂直分量节点地震仪，以研究该地区密西西比石灰岩储层相关的诱发地震活动[36]。俄克拉何马州大数目地震测量（LASSO）阵列工作了约 1 个月，覆盖区域面积约为 25 km×32 km，地震仪之间的平均间距约为 400 m。LASSO 监测阵列布设的主要目的是探测稀疏区域网络站没有捕捉到的微地震事件，并通过大范围密集台站记录较为全面且完整的地震波场。为验证波形叠加定位方法的可行性，从该地区的地震目录中选取两个事件进行测试。两个事件的编号和震级分别为（23196，M_L 3）和（23897，M_L 1.5）。详细数据参数见表 5-1。图 5-16 为 LASSO 阵列的分布和所选取的两个诱发地震事件及其部分原始波形。图 5-16（b）和（c）分别对应事件 23196 和 23897。坐标原点（E，N）=（0，0）对应于 UTM 坐标系下的 E= 579000，N= 4051000。

　　地震事件 23196 和 23897 分别被 1825 道和 445 道地震仪记录。经过初步测试发现，对于震级较大的地震事件，数十道波形就足以实现震源能量的聚焦。这里将两个事件的输入波形按 1/10 的比例系数稀疏采样后再进行叠加成像，即两个事件的输入波形分别只有 183 道和 45 道。图 5-17 为分别利用绕射叠加和互相关叠加对两个事件进行震源成像的结果。图中白色圆圈为地震目录中的震源位置。

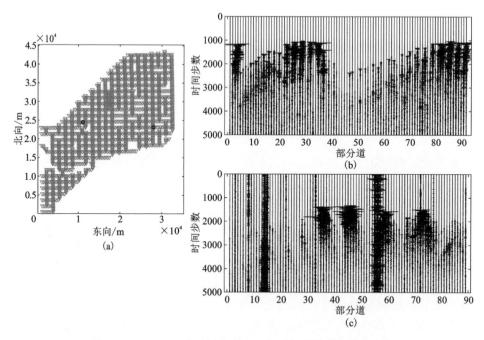

图5-16　LASSO阵列的分布和两个诱发地震事件原始波形

　　绕射叠加和互相关叠加在水平方向的成像分辨率和定位精度都很高，而垂直方向的分辨率要低得多，但是两者在深度方向的定位结果比较一致。虽然这套数据的微地震事件有被超过100个甚至1000个地震仪记录，但图5-17所示的成像结果表明数十个覆盖较好的台站就足以定位这些震级相对较大的诱发地震。对于小震级、低信噪比的事件，很多台站的噪声很强或是缺少有效信号，对这些道进行波形重建或增强或许有助于改善波形叠加的定位结果。值得注意的是，虽然绕射叠加定位结果的水平分辨率略高于互相关叠加法，但其垂直分辨率并没有明显高于后者，与理论情况不相符。造成这一现象的原因是震中处于LASSO监测阵列的边缘地区，导致绕射叠加法的震源能量在垂直方向的聚集效果不理想。

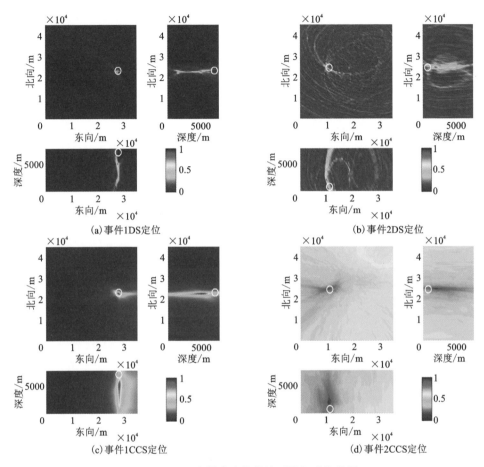

图 5-17　两个样本事件的波形叠加成像结果

5.5　不同尺度应用对比

目前，已经有大量研究表明波形叠加地震定位方法具有良好的多尺度适用性。针对不同尺度的应用，主要涉及目标区域的空间尺度和接收到的地震波形频率成分的区别，对于地震监测目标和定位精度的要求也有所不同，导致在相应的应用细节和方法优化上也不尽相同。例如，对于采矿等工程作业，微地震主要用于监测弱化区域，评估危险风险，其对微地震事件数目的要求并不高，但是需要有适配的定位精度，确保准确划分风险区域和后续的精细分析与解释；对于水力压裂等流体注入作业，微地震事件可用于揭示破裂机理，评价压裂效果，因此波形类方法有助于实现大量微弱事件的检测和定位，结合地质条件和施工参数，可实现百米甚至十米量级的裂缝解释和建模；对于天然微地震研究，主要基于大量微小地震事件的精定位，刻画和分析细小断层的活动性和速度结构异常区域，期望揭示孕震机理和地震风险，因而还需要联合相对定位等构建高精度的地震目录。

总而言之，波形叠加地震定位方法在多尺度地震定位中有较好的应用前景，特别是对于密集台阵监测的诱发地震和微地震事件，有助于获得高精度的震源成像和定位结果。同时，应用过程中还要考虑实际的监测目标、数据质量和定位精度要求等，采取合适的定位参数和优化方法，保证定位结果的精度和可靠性。

第6章

总结与展望

　　本书对波形叠加地震定位方法及其应用进行了系统介绍，依次从发展历程、方法原理、性能评价和优化及其多尺度应用等方面进行了详细阐述，系统综述了波形叠加地震定位方法的方法原理及其应用现状，揭示了速度模型、监测阵列和波形复杂度等因素对定位方法的影响机制，并从正演模拟和性能评价等方面对方法进行了优化，最后结合多尺度诱发地震和微地震数据展示了该方法在微弱地震定位中的有效性和优越性。

6.1　主要研究成果和认识

1. 波形类震源定位方法的原理和分类

　　首先介绍了多尺度诱发地震监测的技术背景和地震定位方法的研究现状，详细阐述了新型波形类震源定位方法的基本原理和发展历程，重点分析了三种常见的方法——波形叠加地震定位方法、逆时成像法和全波形反演法，并简要介绍了最新的基于机器学习的波形类定位方法。

　　波形类定位方法的理论框架是基于弹性动力学的基本表示定理——Kirchhoff-Helmholtz 公式和惠更斯原理，定位的基本原理是利用特定的偏移或成像算子将震源辐射的地震能量聚焦或重构到离散后的目标网格点，也可以看作是地震能量从监测台站到震源区的反向传播。波形叠加地震定位方法是基于地震绕射的概念和原理，逆时成像是基于源自声学领域的时间反转和阵列处理技术，全波形反演法则是通过波形匹配实现震源能量的重构和聚集。

波形类定位方法的快速发展得益于数据采集技术的进步，由于引入多通道波形信息，使得此类方法通常具有较强的抗噪性，适用于信噪比低的微地震数据。随着近年来深度学习等人工智能技术在地震学领域应用的深入，微弱地震事件的检测和定位有望获得更大发展。

2. 波形叠加地震定位方法的性能评价和优化

实现了基于矩张量震源的微地震波场数值模拟的有限差分法，不同矩张量震源微地震的正演模拟有助于初步了解震源机制信息，能为实际微地震资料处理（如震相识别等）提供良好的支撑作用。此外，地震波形正演模拟也是开展波形类地震定位的重要基础，能为波形叠加定位方法测试和性能评价提供必要的波形数据。

在深入分析波形叠加地震定位方法原理的基础上，提出一种基于多参数指标的定位性能评价体系，揭示了速度模型、监测阵列和波形复杂度等三类因素在不同尺度条件下对波形叠加震源成像和定位的影响作用。结果表明：准确的三维速度模型对震源深度的定位有重要影响；输入信号频率越高，震源成像分辨率越高；监测阵列覆盖范围越广，定位结果更加稳定可靠；在保证覆盖范围的前提下，由于潜在的噪声和信号衰减的影响，较少的检波器能提高成像分辨率并减少计算成本。以实际微地震数据为例，研究了基于深度学习的震相拾取对波形叠加震源成像的优化效果，初步验证了深度学习在辅助微地震波形叠加定位中的可行性。

介绍了三种随机性全局优化算法——粒子群算法（PSO）、差分进化算法（DE）和邻域算法（NA），将其应用于波形叠加地震定位方法，并提出了基于重复性测试的控制参数优化流程，提高了震源成像效率和算法稳定性。基于实际矿山微地震数据和两种代表性波形叠加震源成像函数的优化算法控制参数测试验证了随机性优化算法应用于震源成像的可行性与可靠性。总体而言，DE应用于波形叠加震源成像的综合性能更优。此外，测试结果还间接验证了互相关叠加比绕射叠加的成像函数更加平滑，收敛性能更好。

3. 波形叠加地震定位方法的多尺度应用

诱发地震实际应用案例已经验证了波形类震源定位方法的可行性和多尺度

适用性。目前，相比于其他波形类方法，波形叠加地震定位方法的研究和应用最为成熟，应用案例主要集中在勘探尺度和局域尺度，特别是在本书介绍的水力压裂微地震监测、矿山微地震监测和局域地震监测等领域都获得了成功应用。同时，波形叠加地震定位方法也被应用于检测和定位局部和区域尺度的低频天然地震事件，在高频微地震和声发射事件等方面也有少量探索性的研究和应用。总之，本书所介绍的波形叠加地震定位方法可以直接应用于不同尺度的震源定位问题，特别是在微地震事件定位中具有较大的应用前景。

6.2　地震定位研究展望

1. 地震定位方法的优化与升级

近年来，新型波形类震源定位方法取得了一定的进展，但是在应用于多尺度震源定位问题时仍面临一些实际的困难和挑战。目前，只有波形叠加地震定位方法能够较好地应用于实际地震数据，逆时成像法和全波形反演法由于速度模型依赖性较强和计算成本较高等因素暂不适宜应用于实时地震监测。本书虽然对波形叠加地震定位方法的影响因素和性能评价开展了研究，但是对方法的性能优化研究还不够深入。波形叠加地震定位方法在速度模型依赖性、成像分辨率和计算成本等方面仍需进一步优化。速度模型直接影响着定位结果的可靠性，而在实际应用情形中一般难以获得准确的速度模型。特别是在中小尺度条件下，高频的波场成分需要匹配更加精细的速度模型以实现震源能量的准确聚集。震源位置和速度联合反演有助于同时提高震源定位和速度模型反演的准确性，但受制于实际数据质量，过多的待反演参数也会影响反演的稳定性。另一个可能的解决方法是目前重定位中常用的相对定位思想，即利用已定位的主事件信息增加反演过程的约束，削弱速度模型的影响。微地震记录中的复杂震相对震源成像分辨率也有着直接的影响，借助机器学习等算法有助于提升震相拾取的准确性，从而为波形叠加地震定位方法提供更高质量的输入波形。在控制波形叠加定位的计算成本方面，还可以采用图形处理器(GPU)和并行编程等技术手段，进一步提升波形类地震定位方法的计算效率。随着密集台阵监测技术的推广应用和深度学习算法的不断发展，地震定位研究，特别是微小地震事件的检测和定位迎来了全新的发展机遇。如何更好地挖掘和利用密集台阵监测的波形信息，并融合深度学习网络，进行微地震事件检测、速度建模、震源成像和定位等高效、智能处理与反演是值得研究的课题。

2. 基于深度学习的地震定位法

与天然地震数据相比，注水和压裂诱发地震和微地震事件具有数据量更大、信号频率更高（例如地面监测的微地震波形频率通常为 $10 \sim 70$ Hz）、震源能量更弱（一般震级 $M_L < 1$）、数据信噪比更低等特征，这些因素都导致微地震数据处理与反演更加复杂。虽然当前已有诸多基于天然地震的深度学习开源程序包，但是大多没有考虑震源物理信息，且缺乏针对密集台阵微地震监测的低信噪比波形数据的系统研究。研究表明，深度神经网络无论是在辅助地震定位还是直接用于震源位置反演和成像中都表现出良好的应用潜力。但是，目前在制作震源成像结果的标签时通常只是基于简单的高斯分布，忽略了地震波形数据和成像结果本身携带的震源物理信息，因此还有待进一步挖掘波形叠加震源成像结果中的约束信息，优化基于深度学习的震源成像效果。震源定位是诱发地震和微地震监测的基础和关键步骤，但并不是完全独立的技术环节，既依赖于前期的事件检测和震相识别，同时又会直接影响后续的震源机制反演等。因此，后续应系统研究深度学习在微地震数据处理与反演中的应用，构建一套融合波形信息和深度学习算法的微地震智能反演流程，提升微地震处理和解释的效率和可靠性。

3. 从震源成像到储层和结构成像的扩展应用

与勘探地震中使用人工震源不同，被动地震监测技术使用的是被动震源，如天然地震、诱发地震和环境噪声等。被动地震可用于对地下震源和速度结构进行成像，以及勘查石油、天然气、地热和其他资源储层所在位置。当微地震等被动地震事件被准确地定位和反演后，它就可以像勘探地震中使用的主动震源一样，通过先进的地震偏移技术对微地震附近的储层结构进行成像。研究学者已经初步论证了地震反射成像技术对地热储层微地震事件附近的裂缝和断层进行成像的可行性。随着非常规地质能源开发、二氧化碳地质封存和储气库建设等领域被动地震监测的兴起和分布式光纤传感（DAS）地震采集技术的进步，天然地震学的方法和技术获得了勘探地震学领域学者的广泛关注。通过将主、被动地震学的方法和原理相结合，例如采用逆时成像法，可以实现将波形类震源成像法扩展应用于储层成像。利用微地震波形等被动地震记录，地震偏移和波形反演等方法有望实现微地震震源成像到储层周围裂缝和构造成像的扩展应用。

参考文献

[1] SHEARER P M. Introduction to seismology[M]. 2nd edition. Cambridge：Cambridge University Press, 2009.

[2] MCGARR A, SIMPSON D, SEEBER L, et al. Case histories of induced and triggered seismicity[M]//WILLIAM H K L, HIROO K, PAUL C J, et al. International Handbook of Earthquake and Engineering Seismology：卷 81A. San Francisco, Calif：Academic Press, 2002：647-664.

[3] 宋维琪, 陈泽东, 毛中华. 水力压裂裂缝微地震监测技术[M]. 东营：中国石油大学出版社, 2008.

[4] ELSWORTH D, SPIERS C J, NIEMEIJER A R. Understanding induced seismicity[J/OL]. Science, 2016, 354(6318)：1380-1381.

[5] GRIGOLI F, CESCA S, PRIOLO E, et al. Current challenges in monitoring, discrimination, and management of induced seismicity related to underground industrial activities：A European perspective[J]. Reviews of Geophysics, 2017, 55(2)：310-340.

[6] FOULGER G R, WILSON M, GLUYAS J, et al. Global review of human-induced earthquakes[J]. Earth-Science Reviews, 2018, 178：438-514.

[7] LI L, TAN J, WOOD D A, et al. A review of the current status of induced seismicity monitoring for hydraulic fracturing in unconventional tight oil and gas reservoirs [J/OL]. Fuel, 2019, 242：195-210.

[8] LI L, GRIGOLI F, CHAMBERS K, et al. Advances and Applications of Passive Seismic Source Characterization [M/OL]. Lausanne：Frontiers Media SA, 2023 [2023-10-11]. https：//www. frontiersin. org/research-topics/40650/advances-and-applications-of-passive-seismic-source-characterization.

[9] CLARKE H, EISNER L, STYLES P, et al. Felt seismicity associated with shale gas

hydraulic fracturing: The first documented example in Europe [J]. Geophysical Research Letters, 2014, 41(23): 8308-8314.

[10] ATKINSON G M, EATON D W, GHOFRANI H, et al. Hydraulic fracturing and seismicity in the Western Canada Sedimentary Basin[J]. Seismological Research Letters, 2016, 87(3): 631-647.

[11] BAO X, EATON D W. Fault activation by hydraulic fracturing in western Canada [J]. Science, 2016, 354(6318): 1406-1409.

[12] LEI X, HUANG D, SU J, et al. Fault reactivation and earthquakes with magnitudes of up to Mw4. 7 induced by shale-gas hydraulic fracturing in Sichuan Basin, China[J]. Scientific Reports, 2017, 7: 7971.

[13] MENG L, MCGARR A, ZHOU L, et al. An Investigation of Seismicity Induced by Hydraulic Fracturing in the Sichuan Basin of China Based on Data from a Temporary Seismic Network[J/OL]. Bulletin of the Seismological Society of America, 2019, 109 (1): 348-357.

[14] EATON D W. Passive Seismic Monitoring of Induced Seismicity: Fundamental Principles and Application to Energy Technologies [M/OL]. Cambridge: Cambridge University Press, 2018[2018-11-12]. https://www.cambridge.org/core/product/identifier/ 9781316535547/type/book.

[15] GIBOWICZ S J, KIJKO A. An introduction to mining seismology[M]. San Diego: Academic Press, 1994.

[16] MAXWELL S C. Microseismic Imaging of Hydraulic Fracturing[M]. Tulsa: Society of Exploration Geophysicists, 2014.

[17] SHAPIRO S A. Fluid-induced seismicity [M]. Cambridge: Cambridge University Press, 2015.

[18] ZOBACK M D, KOHLI A H. Unconventional Reservoir Geomechanics: Shale Gas, Tight Oil, and Induced Seismicity[M/OL]. Cambridge University Press, 2019[2019-09-09]. https://www.cambridge.org/core/product/identifier/9781316091869/type/book.

[19] LI L, WONG W, SCHWARZ B, et al. Seismology Perspectives on Integrated, Coordinated, Open, Networked (ICON) Science[J]. Earth and Space Science, 2022, 9: e2021EA002109.

[20] TAN Y, CHAI C, ENGELDER T. Use of S-wave attenuation from perforation shots to map the growth of the stimulated reservoir volume in the Marcellus gas shale [J/ OL]. The Leading Edge, 2014, 33(10): 1090-1096.

［21］ 常旭，王一博. 微地震反演研究［M］. 北京：科学出版社，2019.

［22］ 尹陈，李亚林. 微地震技术［M］. 北京：科学出版社，2021.

［23］ HELMSTETTER A. Importance of small earthquakes for stress transfers and earthquake triggering［J/OL］. Journal of Geophysical Research，2005，110（B5）：B05S08.

［24］ 梁兵，朱广生. 油气田勘探开发中的微震监测方法［M］. 北京：石油工业出版社，2004.

［25］ GRECHKA V，HEIGEL W M. Microseismic Monitoring［M］. Tulsa：Society of Exploration Geophysicists，2017.

［26］ HARDY H R. Acoustic emission/microseismic activity［M］. Lisse：Balkema，2003.

［27］ KWIATEK G，PLENKERS K，DRESEN G，et al. Source parameters of picoseismicity recorded at Mponeng deep gold mine，South Africa：Implications for scaling relations［J］. Bulletin of the Seismological Society of America，2011，101（6）：2592-2608.

［28］ GOODFELLOW S D，YOUNG R P. A laboratory acoustic emission experiment under in situ conditions［J］. Geophysical Research Letters，2014，41（10）：3422-3430.

［29］ LOCKNER D，BYERLEE J D，KUKSENKO V，et al. Quasi-static fault growth and shear fracture energy in granite［J］. Nature，1991，350（6313）：39-42.

［30］ SELLERS E J，KATAKA M O，LINZER L M. Source parameters of acoustic emission events and scaling with mining-induced seismicity［J/OL］. Journal of Geophysical Research：Solid Earth，2003，108（B9）：2418.

［31］ BENSON P M，VINCIGUERRA S，MEREDITH P G，et al. Laboratory Simulation of Volcano Seismicity［J/OL］. Science，2008，322（5899）：249-252.

［32］ BOLTON D C，SHOKOUHI P，ROUET-LEDUC B，et al. Characterizing Acoustic Signals and Searching for Precursors during the Laboratory Seismic Cycle Using Unsupervised Machine Learning［J/OL］. Seismological Research Letters，2019，90（3）：1088-1098.

［33］ LI L，TAN J，SCHWARZ B，et al. Recent advances and challenges of waveform-based seismic location methods at multiple scales［J/OL］. Reviews of Geophysics，2020，58（1）：e2019RG000667.

［34］ LÓPEZ-COMINO J A，CESCA S，HEIMANN S，et al. Characterization of Hydraulic Fractures Growth During the Äspö Hard Rock Laboratory Experiment（Sweden）［J/OL］. Rock Mechanics and Rock Engineering，2017，50（11）：2985-3001.

［35］ SUCKALE J. Induced Seismicity in Hydrocarbon Fields［J/OL］. Advances in Geophysics，2009，51：55-106.

［36］ DOUGHERTY S L, COCHRAN E S, HARRINGTON R M. The LArge-n Seismic Survey in Oklahoma (LASSO) Experiment［J/OL］. Seismological Research Letters, 2019, 90(5)：2051-2057.

［37］ ISHII M, SHEARER P M, HOUSTON H, et al. Extent, duration and speed of the 2004 Sumatra-Andaman earthquake imaged by the Hi-Net array［J/OL］. Nature, 2005, 435(7044)：933-936.

［38］ YAO H, SHEARER P M, GERSTOFT P. Subevent location and rupture imaging using iterative backprojection for the 2011 Tohoku Mw 9.0 earthquake：Iterative backprojection of Tohoku earthquake［J/OL］. Geophysical Journal International, 2012, 190(2)：1152-1168.

［39］ 杜海林. 多台阵分离变量法反投影方法成像震源破裂过程［D］. 北京：中国地震局地球物理研究所, 2019.

［40］ LOMAX A, MICHELINI A, CURTIS A. Earthquake Location, Direct, Global-Search Methods［M/OL］//MEYERS R A. Encyclopedia of Complexity and Systems Science. New York, NY：Springer New York, 2009：2449-2473［2019-03-12］. http：//link. springer. com/10. 1007/978-0-387-30440-3_150.

［41］ THURBER C H, RABINOWITZ N. Advances in seismic event location［M］. Dordrecht：Springer, 2000.

［42］ 田玥, 陈晓非. 地震定位研究综述［J］. 地球物理学进展, 2002, 17(1)：147-155.

［43］ MILNE J. Earthquakes and other earth movements：卷 56［M］. London：K. Paul, Trench, 1886.

［44］ GEIGER L. Probability method for the determination of earthquake epicenters from arrival time only［J］. Bull. St. Louis. Univ, 1912, 8(1)：56-71.

［45］ KENNETT B L N, SAMBRIDGE M S. Earthquake location — genetic algorithms for teleseisms［J/OL］. Physics of the Earth and Planetary Interiors, 1992, 75(1-3)：103-110.

［46］ 姚姚. 地球物理反演基本理论与应用方法［M］. 武汉：中国地质大学出版社, 2002.

［47］ 董陇军, 李夕兵, 唐礼忠, 等. 无需预先测速的微震震源定位的数学形式及震源参数确定［J］. 岩石力学与工程学报, 2011, 30(10)：2057-2067.

［48］ 宋维琪, 高艳珂, 朱海伟. 微地震资料贝叶斯理论差分进化反演方法［J］. 地球物理学报, 2013, 56(4)：1331-1339.

［49］ 李楠, 王恩元, 刘晓斐, 等. 微震震源定位可靠性综合评价模型［J］. 煤炭学报, 2013, 38(11)：1940-1946.

［50］ 毛庆辉, 王鹏, 曾隽. 水力压裂微地震事件定位方法综述［J］. 地球物理学进展, 2019, 34(5): 1878-1886.

［51］ DOUGLAS A. Joint Epicentre Determination［J/OL］. Nature, 1967, 215 (5096): 47-48.

［52］ PUJOL J. Joint hypocentral location in media with lateral velocity variations and interpretation of the station corrections［J/OL］. Physics of the Earth and Planetary Interiors, 1992, 75(1-3): 7-24.

［53］ FITCH T J. Compressional velocity in source regions of deep earthquakes: an application of the master earthquake technique［J］. Earth and planetary science Letters, 1975, 26 (2): 156-166.

［54］ SPENCE W. Relative epicenter determination using P-wave arrival-time differences ［J］. Bulletin of the Seismological Society of America, 1980, 70(1): 171-183.

［55］ GRECHKA V, DE LA PENA A, SCHISSELÉ-REBEL E, et al. Relative location of microseismicity［J］. Geophysics, 2015, 80(6): WC1-WC9.

［56］ ZHOU H W. Rapid three-dimensional hypocentral determination using a master station method［J/OL］. Journal of Geophysical Research, 1994, 99(B8): 15439.

［57］ FONT Y, KAO H, LALLEMAND S, et al. Hypocentre determination offshore of eastern Taiwan using the maximum intersection method［J］. Geophysical Journal International, 2004, 158(2): 655-675.

［58］ ZHANG H, NADEAU R M, TOKSOZ M N. Locating nonvolcanic tremors beneath the San Andreas fault using a station-pair double-difference location method［J］. Geophysical Research Letters, 2010, 37(13): L13304.

［59］ BLOCK L V, CHENG C H, FEHLER M C, et al. Seismic imaging using microearthquakes induced by hydraulic fracturing［J/OL］. GEOPHYSICS, 1994, 59(1): 102-112.

［60］ JANSKY J, PLICKA V, EISNER L. Feasibility of joint 1D velocity model and event location inversion by the Neighbourhood algorithm［J/OL］. Geophysical Prospecting, 2010, 58(2): 229-234.

［61］ WALDHAUSER F, ELLSWORTH W L. A double-difference earthquake location algorithm: Method and application to the northern Hayward fault, California［J］. Bulletin of the Seismological Society of America, 2000, 90(6): 1353-1368.

［62］ ZHANG H J, THURBER C H. Double-difference tomography: The method and its application to the Hayward fault, California［J］. Bulletin of the Seismological Society of

America, 2003, 93(5): 1875-1889.

[63] KAO H, SHAN S J. The source-scanning algorithm: Mapping the distribution of seismic sources in time and space [J]. Geophysical Journal International, 2004, 157(2): 589-594.

[64] GAJEWSKI D, TESSMER E. Reverse modelling for seismic event characterization [J]. Geophysical Journal International, 2005, 163(1): 276-284.

[65] GAJEWSKI D, ANIKIEV D, KASHTAN B, et al. Localization of seismic events by diffraction stacking [C]//SEG Technical Program Expanded Abstracts 2007. Society of Exploration Geophysicists, 2007: 1287-1291.

[66] DREW J, WHITE R S, TILMANN F, et al. Coalescence microseismic mapping [J/OL]. Geophysical Journal International, 2013, 195(3): 1773-1785.

[67] 许力生, 杜海林, 严川, 等. 一种确定震源中心的方法: 逆时成像技术 (一) ——原理与数值实验[J]. 地球物理学报, 2013, 56(4): 1190-1206.

[68] 李振春, 盛冠群, 王维波, 等. 井地联合观测多分量微地震逆时干涉定位[J]. 石油地球物理勘探, 2014, 49(4): 661-666, 667.

[69] CESCA S, GRIGOLI F. Chapter two – full waveform seismological advances for microseismic monitoring[J]. Advances in Geophysics, 2015, 56: 169-228.

[70] TROJANOWSKI J, EISNER L. Comparison of migration-based location and detection methods for microseismic events[J]. Geophysical Prospecting, 2017, 65(1): 47-63.

[71] 张山, 刘清林, 赵群, 等. 微地震监测技术在油田开发中的应用[J]. 石油物探, 2002, 41(2): 226-231.

[72] MAXWELL S C, RUTLEDGE J, JONES R, et al. Petroleum reservoir characterization using downhole microseismic monitoring[J]. Geophysics, 2010, 75(5): 75A129-75A137.

[73] YANG W D, JLN X, LI S Y, et al. Study of seismic location methods[J]. Earthquake Engineering and Engineering Vibration, 2005, 25(1): 14-20.

[74] 盛冠群, 李振春, 王维波, 等. 水力压裂微地震粒子群差分进化定位算法[J]. 石油学报, 2014, 35(6): 1172-1181.

[75] 谭玉阳, 李罗兰, 张鑫, 等. 一种改进的基于网格搜索的微地震震源定位方法 [J]. 地球物理学报, 2017, 60(1): 293-304.

[76] MCMECHAN G A. Determination of source parameters by wavefield extrapolation [J]. Geophysical Journal International, 1982, 71(4): 613-628.

[77] KISELEVITCH V L, NIKOLAEV A V, TROITSKIY P A, et al. Emission

tomography：Main ideas，results，and prospects［C］//SEG Technical Program Expanded Abstracts 1991. Society of Exploration Geophysicists，1991：1602-1602.

［78］ DUNCAN P M. Is there a future for passive seismic？［J］. First Break，2005，23（6）：111-115.

［79］ KLEM-MUSATOV K. Theory of Seismic Diffractions［M/OL］. Society of Exploration Geophysicists，1994［2019-05-24］. https：//library. seg. org/doi/book/10. 1190/1. 9781560802617.

［80］ SCHWARZ B. An introduction to seismic diffraction［J/OL］. Advances in Geophysics，2019，60：1-64.

［81］ FINK M. Time-reversed acoustics［J］. Scientific American，1999（November）：91-97.

［82］ KUPERMAN W A，TUREK G. Matched field acoustics［J/OL］. Mechanical Systems and Signal Processing，1997，11（1）：141-148.

［83］ ROST S，THOMAS C. Array Seismology：Methods and Applications［J］. Reviews Of Geophysics，2002，40（3）：2-1.

［84］ CHAMBERS K，KENDALL J M，BRANDSBERG-DAHL S，et al. Testing the ability of surface arrays to monitor microseismic activity：Testing the ability of surface arrays［J/OL］. Geophysical Prospecting，2010，58（5）：821-830.

［85］ DUNCAN P M，EISNER L. Reservoir characterization using surface microseismic monitoring［J］. Geophysics，2010，75（5）：75A139-75A146.

［86］ LIAO Y C，KAO H，ROSENBERGER A，et al. Delineating complex spatiotemporal distribution of earthquake aftershocks：an improved Source-Scanning Algorithm：Improved Source-Scanning Algorithm［J/OL］. Geophysical Journal International，2012，189（3）：1753-1770.

［87］ WITHERS M，ASTER R，YOUNG C，et al. A comparison of select trigger algorithms for automated global seismic phase and event detection［J］. Bulletin of the Seismological Society of America，1998，88（1）：95-106.

［88］ AKRAM J，EATON D W. A review and appraisal of arrival-time picking methods for downhole microseismic data［J］. Geophysics，2016，81（2）：KS71-KS91.

［89］ GRIGOLI F，SCARABELLO L，BÖSE M，et al. Pick-and waveform-based techniques for real-time detection of induced seismicity［J］. Geophysical Journal International，2018，213（2）：868-884.

［90］ ROSS Z E，MEIER M，HAUKSSON E，et al. Generalized Seismic Phase Detection with Deep Learning［J/OL］. Bulletin of the Seismological Society of America，2018，108

（5A）：2894-2901.

［91］ POIATA N, SATRIANO C, VILOTTE J P, et al. Multiband array detection and location of seismic sources recorded by dense seismic networks［J］. Geophysical Journal International, 2016, 205(3)：1548-1573.

［92］ SHI P, NOWACKI A, ROST S, et al. Automated seismic waveform location using Multichannel Coherency Migration（MCM）—Ⅱ. Application to induced and volcano-tectonic seismicity［J/OL］. Geophysical Journal International, 2019, 216（3）：1608-1632.

［93］ DAHLEN F A, HUNG S H, NOLET G. Fréchet kernels for finite-frequency traveltimes-Ⅰ. Theory［J/OL］. Geophysical Journal International, 2000, 141(1)：157-174.

［94］ BAKER T, GRANAT R, CLAYTON R W. Real-time earthquake location using Kirchhoff reconstruction［J］. Bulletin of the Seismological Society of America, 2005, 95（2）：699-707.

［95］ 王维波, 周瑶琪, 春兰. 地面微地震监测 SET 震源定位特性研究［J］. 中国石油大学学报(自然科学版), 2012, 36(5)：45-50.

［96］ GRIGOLI F, CESCA S, VASSALLO M, et al. Automated Seismic Event Location by Travel-Time Stacking：An Application to Mining Induced Seismicity［J］. Seismological Research Letters, 2013, 84(4)：666-677.

［97］ LI L, BECKER D, CHEN H, et al. A systematic analysis of correlation-based seismic location methods［J/OL］. Geophysical Journal International, 2018, 212(1)：659-678.

［98］ GU C. Ground motions and source mechanisms of earthquakes in multiscales：microseismicity to macroseismicity［D］. Cambridge：Massachusetts Institute of Technology, 2016.

［99］ ZHANG C, QIAO W, CHE X, et al. Automated microseismic event location by amplitude stacking and semblance［J/OL］. GEOPHYSICS, 2019, 84(6)：KS191-KS210.

［100］RENTSCH S, BUSKE S, LÜTH S, et al. Fast location of seismicity：A migration-type approach with application to hydraulic-fracturing data［J］. Geophysics, 2007, 72(1)：S33-S40.

［101］ANIKIEV D, VALENTA J, STANĚK F, et al. Joint location and source mechanism inversion of microseismic events：benchmarking on seismicity induced by hydraulic fracturing［J/OL］. Geophysical Journal International, 2014, 198(1)：249-258.

［102］CHAMBERS K, DANDO B D E, JONES G A, et al. Moment tensor migration imaging［J/OL］. Geophysical Prospecting, 2014, 62(4)：879-896.

［103］ZENG X, ZHANG H, ZHANG X, et al. Surface Microseismic Monitoring of Hydraulic

Fracturing of a Shale-Gas Reservoir Using Short-Period and Broadband Seismic Sensors [J]. Seismological Research Letters, 2014, 85(3): 668-677.

[104] LI L, CHEN H, WANG X M. Weighted-elastic-wave interferometric imaging of microseismic source location[J/OL]. Applied Geophysics, 2015, 12(2): 221-234.

[105] ZHEBEL O, EISNER L. Simultaneous microseismic event localization and source mechanism determination[J]. Geophysics, 2015, 80(1): KS1-KS9.

[106] LIANG C, YU Y, YANG Y, et al. Joint inversion of source location and focal mechanism of microseismicity[J]. Geophysics, 2016, 81(2): KS41-KS49.

[107] 李宏, 杨心超, 朱海波, 等. 水力压裂微地震震源定位与震源机制联合反演研究 [J]. 石油物探, 2018, 57(2): 312-320.

[108] WU S, WANG Y, ZHENG Y, et al. Microseismic source locations with deconvolution migration[J/OL]. Geophysical Journal International, 2018, 212(3): 2088-2115.

[109] BOWDEN D C, SAGER K, FICHTNER A, et al. Connecting beamforming and kernel-based noise source inversion[J/OL]. Geophysical Journal International, 2021, 224(3): 1607-1620.

[110] MIAO S, ZHANG, YUYANG TAN, YE LIN H, 1 LABORATORY OF SEISMOLOGY AND EARTH'S INTERIOR; SCHOOL OF EARTH AND SPACE SCIENCES, UNIVERSITY OF SCIENCE AND TECHNOLOGY OF CHINA, 96 JINZHAI ROAD, HEFEI, ANHUI 230026, CHINA, et al. High resolution seismic waveform migration location method and its applications to induced seismicity[J/OL]. Earth and Planetary Physics, 2021, 5(6): 520-531.

[111] GHARTI H N, OYE V, ROTH M, et al. Automated microearthquake location using envelope stacking and robust global optimization [J]. Geophysics, 2010, 75(4): MA27-MA46.

[112] LI L, TAN J, XIE Y, et al. Waveform-based microseismic location using stochastic optimization algorithms: A parameter tuning workflow[J/OL]. Computers & Geosciences, 2019, 124: 115-127.

[113] ZHOU J, SHEN X, QIU Y, et al. Cross-correlation stacking-based microseismic source location using three metaheuristic optimization algorithms [J/OL]. Tunnelling and Underground Space Technology, 2022, 126: 104570.

[114] PESICEK J D, CHILD D, ARTMAN B, et al. Picking versus stacking in a modern microearthquake location: Comparison of results from a surface passive seismic monitoring array in Oklahoma[J]. Geophysics, 2014, 79(6): KS61-KS68.

［115］SHI P, GRIGOLI F, LANZA F, et al. MALMI：An Automated Earthquake Detection and Location Workflow Based on Machine Learning and Waveform Migration［J/OL］. Seismological Research Letters, 2022, 93(5)：2467-2483.

［116］KAO H, SHAN S J. Rapid identification of earthquake rupture plane using Source-Scanning Algorithm［J］. Geophysical Journal International, 2007, 168(3)：1011-1020.

［117］李文军, 陈棋福. 用震源扫描算法（SSA）进行微震的定位［J］. 地震, 2006, 26(3)：107-115.

［118］ISHII M, SHEARER P M, HOUSTON H, et al. Teleseismic P wave imaging of the 26 December 2004 Sumatra-Andaman and 28 March 2005 Sumatra earthquake ruptures using the Hi-net array［J/OL］. Journal of Geophysical Research, 2007, 112：B11307.

［119］曹雷, 张金海, 姚振兴. 利用三维高斯射线束成像进行地震定位［J］. 地球物理学报, 2015, 58(2)：481-494.

［120］GRIGOLI F, CESCA S, KRIEGER L, et al. Automated microseismic event location using Master-Event Waveform Stacking［J］. Scientific Reports, 2016, 6：25744.

［121］LI K L, SADEGHISORKHANI H, SGATTONI G, et al. Locating tremor using stacked products of correlations［J］. Geophysical Research Letters, 2017, 44(7)：3156-3164.

［122］NEALE J, HARMON N, SROKOSZ M. Improving Microseismic P Wave Source Location With Multiple Seismic Arrays［J/OL］. Journal of Geophysical Research：Solid Earth, 2018, 123(1)：476-492.

［123］LANGET N, MAGGI A, MICHELINI A, et al. Continuous Kurtosis-Based Migration for Seismic Event Detection and Location, with Application to Piton de la Fournaise Volcano, La Reunion［J/OL］. Bulletin of the Seismological Society of America, 2014, 104(1)：229-246.

［124］GUO X, SUN M, YU Y, et al. Locating volcanic tremor using azimuth coherence of cross-correlation［J/OL］. Journal of Asian Earth Sciences, 2023：105803.

［125］BESKARDES G D, HOLE J A, WANG K, et al. A comparison of earthquake backprojection imaging methods for dense local arrays［J/OL］. Geophysical Journal International, 2018, 212(3)：1986-2002.

［126］ANIKIEV D, BIRNIE C, WAHEED U bin, et al. Machine learning in microseismic monitoring［J/OL］. Earth-Science Reviews, 2023, 239：104371.

［127］肖卓伟. 基于深度学习的天然地震数据处理［D］. 北京：中国科学院大学, 2022.

［128］MOUSAVI S M, BEROZA G C. Machine Learning in Earthquake Seismology［J/OL］. Annual Review of Earth and Planetary Sciences, 2023, 51(1)：105-129.

[129] 周连庆, 赵翠萍, 张捷, 等. 中国地震科学实验场人工智能实时地震监测分析系统的应用与展望[J]. 地震, 2021, 41(3): 1-20.

[130] 苏金波, 刘敏, 张云鹏, 等. 基于深度学习构建2021年5月21日云南漾濞Ms6.4地震序列高分辨率地震目录[J/OL]. 地球物理学报, 2021, 64(8): 2647-2656.

[131] MOUSAVI S M, BEROZA G C. Deep-learning seismology[J/OL]. Science, 2022, 377(6607): eabm4470.

[132] PEROL T, GHARBI M, DENOLLE M. Convolutional neural network for earthquake detection and location[J/OL]. Science Advances, 2018, 4(2): e1700578.

[133] KRIEGEROWSKI M, PETERSEN G M, VASYURA-BATHKE H, et al. A Deep Convolutional Neural Network for Localization of Clustered Earthquakes Based on Multistation Full Waveforms[J/OL]. Seismological Research Letters, 2019, 90(2A): 510-516.

[134] ZHANG X, ZHANG J, YUAN C, et al. Locating induced earthquakes with a network of seismic stations in Oklahoma via a deep learning method[J/OL]. Scientific Reports, 2020, 10(1): 1941.

[135] SHEN H, SHEN Y. Array-Based Convolutional Neural Networks for Automatic Detection and 4D Localization of Earthquakes in Hawai'i[J/OL]. Seismological Research Letters, 2021, 92(5): 2961-2971.

[136] MA K, SUN X, ZHANG Z, et al. Intelligent Location of Microseismic Events Based on a Fully Convolutional Neural Network (FCNN)[J/OL]. Rock Mechanics and Rock Engineering, 2022, 55(8): 4801-4817.

[137] KAIL R, BURNAEV E, ZAYTSEV A. Recurrent Convolutional Neural Networks Help to Predict Location of Earthquakes[J/OL]. IEEE Geoscience and Remote Sensing Letters, 2022, 19: 1-5.

[138] BAI T, TAHMASEBI P. Attention-based LSTM-FCN for earthquake detection and location[J/OL]. Geophysical Journal International, 2021, 228(3): 1568-1576.

[139] MCBREARTY I W, BEROZA G C. Earthquake Location and Magnitude Estimation with Graph Neural Networks[C/OL]//2022 IEEE International Conference on Image Processing (ICIP). Bordeaux, France: IEEE, 2022: 3858-3862[2023-11-12]. https://ieeexplore.ieee.org/document/9897468/.

[140] LIU M, ZHANG M, ZHU W, et al. Rapid Characterization of the July 2019 Ridgecrest, California, Earthquake Sequence From Raw Seismic Data Using Machine-Learning Phase Picker[J/OL]. Geophysical Research Letters, 2020, 47(4): e2019GL086189.

[141] ZHANG M, LIU M, FENG T, et al. LOC−FLOW: An End−to−End Machine Learning−Based High−Precision Earthquake Location Workflow[J/OL]. Seismological Research Letters, 2022, 93(5): 2426−2438.

[142] ZHOU Y, YUE H, FANG L, et al. An Earthquake Detection and Location Architecture for Continuous Seismograms: Phase Picking, Association, Location, and Matched Filter (PALM)[J/OL]. Seismological Research Letters, 2022, 93(1): 413−425.

[143] ZHU W, BEROZA G C. PhaseNet: A Deep−Neural−Network−Based Seismic Arrival Time Picking Method[J/OL]. Geophysical Journal International, 2019, 216(1): 261−273.

[144] MOUSAVI S M, ELLSWORTH W L, ZHU W, et al. Earthquake transformer—an attentive deep−learning model for simultaneous earthquake detection and phase picking[J/OL]. Nature Communications, 2020, 11(1): 3952.

[145] ROSS Z E, YUE Y, MEIER M, et al. PhaseLink: A Deep Learning Approach to Seismic Phase Association[J/OL]. Journal of Geophysical Research: Solid Earth, 2019, 124(1): 856−869.

[146] ZHU W, MCBREARTY I W, MOUSAVI S M, et al. Earthquake Phase Association Using a Bayesian Gaussian Mixture Model[J/OL]. Journal of Geophysical Research: Solid Earth, 2022, 127(5): e2021JB023249.

[147] WALTER J I, OGWARI P, THIEL A, et al. easyQuake: Putting Machine Learning to Work for Your Regional Seismic Network or Local Earthquake Study[J/OL]. Seismological Research Letters, 2021, 92(1): 555−563.

[148] 廖诗荣, 张红才, 范莉苹, 等. 实时智能地震处理系统研发及其在 2021 年云南漾濞 Ms6.4 地震中的应用[J]. 地球物理学报, 2021, 64(10): 3632−3645.

[149] ZHU W, HOU A B, YANG R, et al. QuakeFlow: a scalable machine−learning−based earthquake monitoring workflow with cloud computing[J/OL]. Geophysical Journal International, 2023, 232(1): 684−693.

[150] ZHANG M, WEN L. An effective method for small event detection: match and locate (M&L)[J/OL]. Geophysical Journal International, 2015, 200(3): 1523−1537.

[151] 曹雷. 地震定位及震源机制解反演研究[D]. 北京: 中国科学院大学, 2015.

[152] OBERT L, DUVALL W I. The Microseismic Method of Predicting Rock Failure in Underground Mining, Part 1, General Method: BM−RI−3797[R]. Bureau of Mines, Washington, DC (USA), 1945: BM−RI−3797.

[153] RUTLEDGE J T, PHILLIPS W S. Hydraulic stimulation of natural fractures as revealed by

induced microearthquakes, Carthage Cotton Valley gas field, east Texas[J]. Geophysics, 2003, 68(2): 441–452.

[154] GUTENBERG B, RICHTER C F. Earthquake magnitude, intensity, energy, and acceleration: (Second paper)[J]. Bulletin of the seismological society of America, 1956, 46(2): 105–145.

[155] GE M. Analysis of source location algorithms: Part I. Overview and non–iterative methods [J]. Journal of Acoustic Emission, 2003, 21(1): 14–28.

[156] GE M. Analysis of source location algorithms: Part II. Iterative methods[J]. Journal of Acoustic Emission, 2003, 21(1): 29–51.

[157] GROSSE C, OHTSU M. Acoustic Emission Testing [M/OL]. Berlin, Heidelberg: Springer Berlin Heidelberg, 2008[2019–02–24]. http://link.springer.com/10.1007/ 978–3–540–69972–9.

[158] ISHIDA T, LABUZ J F, MANTHEI G, et al. ISRM suggested method for laboratory acoustic emission monitoring [J/OL]. Rock Mechanics and Rock Engineering, 2017, 50(3): 665–674.

[159] SAENGER E H, KOCUR G K, JUD R, et al. Application of time reverse modeling on ultrasonic non–destructive testing of concrete[J/OL]. Applied Mathematical Modelling, 2011, 35(2): 807–816.

[160] GIBBONS S J, RINGDAL F. The detection of low magnitude seismic events using array– based waveform correlation[J/OL]. Geophysical Journal International, 2006, 165(1): 149–166.

[161] SHELLY D R, BEROZA G C, IDE S. Non–volcanic tremor and low–frequency earthquake swarms[J/OL]. Nature, 2007, 446(7133): 305–307.

[162] EISNER L, ABBOTT D, BARKER W B, et al. Noise Suppression For Detection And Location of Microseismic Events Using a Matched Filter [C]//2008 SEG Annual Meeting. Society of Exploration Geophysicists, 2008: 1431–1435.

[163] PENG Z, ZHAO P. Migration of early aftershocks following the 2004 Parkfield earthquake [J/OL]. Nature Geoscience, 2009, 2(12): 877–881.

[164] BEAUCÉ E, FRANK W B, ROMANENKO A. Fast Matched Filter (FMF): An Efficient Seismic Matched-Filter Search for Both CPU and GPU Architectures [J/OL]. Seismological Research Letters, 2018, 89(1): 165–172.

[165] LEGAZ A, REVIL A, ROUX P, et al. Self–potential and passive seismic monitoring of hydrothermal activity: A case study at Iodine Pool, Waimangu geothermal valley, New

Zealand[J/OL]. Journal of Volcanology and Geothermal Research, 2009, 179(1-2): 11-18.

[166] CHMIEL M, ROUX P, BARDAINNE T. High - sensitivity microseismic monitoring: Automatic detection and localization of subsurface noise sources using matched - field processing and dense patch arrays[J/OL]. GEOPHYSICS, 2019, 84(6): KS211 -KS223.

[167] DIEKMANN L, SCHWARZ B, BAUER A, et al. Source localisation and joint velocity model building using wavefront attributes [J/OL]. Geophysical Journal International, 2019, 219(2): 995-1007.

[168] KIRCHHOFF G. Zur Theorie der Lichtstrahlen[J/OL]. Annalen der Physik, 1883, 254(4): 663-695.

[169] PAO Y, VARATHARAJULU V. Huygens' principle, radiation conditions, and integral formulas for the scattering of elastic waves[J/OL]. The Journal of the Acoustical Society of America, 1976, 59(6): 1361-1371.

[170] BORN M, WOLF E. Principles of optics: electromagnetic theory of propagation, interference and diffraction of light [M]. 6th ed. Oxford; New York: Pergamon Press, 1980.

[171] AKI K, RICHARDS P G. Quantitative seismology: 卷 1[M]. Sausalito: University Science Books, 2002.

[172] BAKER B B, COPSON E T. The mathematical theory of Huygens' principle[M]. Providence: AMS Chelsea Publishing, 2003.

[173] SCHNEIDER W A. Integral formulation for migration in two and three dimensions[J/ OL]. GEOPHYSICS, 1978, 43(1): 49-76.

[174] LI L, CHEN H, WANG X. Relative elastic interferometric imaging for microseismic source location[J]. Journal of Geophysics and Engineering, 2016, 13(5): 733-744.

[175] STANĚK F, ANIKIEV D, VALENTA J, et al. Semblance for microseismic event detection[J]. Geophysical Journal International, 2015, 201(3): 1362-1369.

[176] SICK B, JOSWIG M. Combining network and array waveform coherence for automatic location: examples from induced seismicity monitoring [J]. Geophysical Journal International, 2017, 208(3): 1373-1388.

[177] SCHUSTER G T, YU J, SHENG J. Interferometric/daylight seismic imaging[J]. Geophysical Journal International, 2004, 157(2): 838-852.

[178] GRANDI S, OATES S J. Microseismic event location by cross-correlation migration of

surface array data for permanent reservoir monitoring[C]//71st EAGE Conference & Technical Exhibition: Extended Abstracts. EAGE, 2009: X012.

[179] DROZNIN D V, SHAPIRO N M, DROZNINA S Y, et al. Detecting and locating volcanic tremors on the Klyuchevskoy group of volcanoes (Kamchatka) based on correlations of continuous seismic records[J]. Geophysical Journal International, 2015, 203(2): 1001-1010.

[180] DALES P, AUDET P, OLIVIER G, et al. Interferometric methods for spatio temporal seismic monitoring in underground mines[J/OL]. Geophysical Journal International, 2017, 210(2): 731-742.

[181] RUIGROK E, GIBBONS S, WAPENAAR K. Cross-correlation beamforming[J]. Journal of Seismology, 2017, 21(3): 495-508.

[182] GRIGOLI F, CESCA S, AMOROSO O, et al. Automated seismic event location by waveform coherence analysis[J/OL]. Geophysical Journal International, 2014, 196(3): 1742-1753.

[183] WEI ZHANG, JIE ZHANG. Microseismic migration by semblance-weighted stacking and interferometry[M]//SEG Technical Program Expanded Abstracts 2013. 2013: 2045-2049.

[184] 王璐琛, 常旭, 王一博. 干涉走时微地震震源定位方法[J]. 地球物理学报, 2016, 59(8): 3037-3045.

[185] HUANG L, HAO H, LI X, et al. Micro-seismic monitoring in mines based on cross wavelet transform[J/OL]. Earthquakes and Structures, 2016, 11(6): 1143-1164.

[186] WU S, WANG Y. Least-squares interferometric migration of microseismic source location with a deblurring filter[J/OL]. GEOPHYSICS, 2023, 88(2): L37-L52.

[187] GUO H, ZHANG H. Development of double-pair double difference earthquake location algorithm for improving earthquake locations[J]. Geophysical Journal International, 2017, 208(1): 333-348.

[188] EISNER L, FISCHER T, LE CALVEZ J H. Detection of repeated hydraulic fracturing (out-of-zone growth) by microseismic monitoring[J]. The Leading Edge, 2006, 25(5): 548-554.

[189] POLIANNIKOV O V, E. MALCOLM A, DJIKPESSE H, et al. Interferometric hydrofracture microseism localization using neighboring fracture[J]. Geophysics, 2011, 76(6): WC27-WC36.

[190] GRECHKA V, LI Z, HOWELL B. Relative location of microseismic events with multiple masters[J]. Geophysics, 2016, 81(4): KS149-KS158.

[191] TIAN X, ZHANG W, ZHANG J. Cross double‐difference inversion for microseismic event location using data from a single monitoring well[J]. Geophysics, 2016, 81(5): KS183‐KS194.

[192] LOMAX A, MICHELINI A, JOZINOVIĆ D. An Investigation of Rapid Earthquake Characterization Using Single-Station Waveforms and a Convolutional Neural Network[J/OL]. Seismological Research Letters, 2019, 90(2A): 517‐529.

[193] MOSHER S G, AUDET P. Automatic Detection and Location of Seismic Events From Time-Delay Projection Mapping and Neural Network Classification[J/OL]. Journal of Geophysical Research: Solid Earth, 2020, 125(10): e2020JB019426.

[194] KUANG W, ZHANG J, ZHANG W. A novel deep‐learning image condition for locating earthquake[J/OL]. Geophysical Journal International, 2023, 235(3): 2168‐2178.

[195] ZHANG X, ZHANG M, TIAN X. Real-Time Earthquake Early Warning With Deep Learning: Application to the 2016 M 6.0 Central Apennines, Italy Earthquake[J/OL]. Geophysical Research Letters, 2021, 48(5): 2020GL089394.

[196] VAN DEN ENDE M P A, AMPUERO J -P. Automated Seismic Source Characterization Using Deep Graph Neural Networks[J/OL]. Geophysical Research Letters, 2020, 47(17)[2023-02-25]. https://onlinelibrary.wiley.com/doi/10.1029/2020GL088690.

[197] YOMA N B, WUTH J, PINTO A, et al. End‐to‐end LSTM based estimation of volcano event epicenter localization[J/OL]. Journal of Volcanology and Geothermal Research, 2022, 429: 107615.

[198] WU Y, WEI J, PAN J, et al. Research on Microseismic Source Locations Based on Deep Reinforcement Learning[J/OL]. IEEE Access, 2019, 7: 39962‐39973.

[199] KUANG W, YUAN C, ZOU Z, et al. Autonomous Earthquake Location via Deep Reinforcement Learning[J/OL]. Seismological Research Letters, 2023[2023-11-13]. https://pubs.geoscienceworld.org/srl/article/doi/10.1785/0220230118/628407/Autonomous‐Earthquake‐Location‐via‐Deep.

[200] TAN F, KAO H, NISSEN E, et al. Seismicity-Scanning Based on Navigated Automatic Phase-Picking[J/OL]. Journal of Geophysical Research: Solid Earth, 2019, 124(4): 3802‐3818.

[201] TAN F, KAO H, NISSEN E, et al. Tracking earthquake sequences in real time: application of Seismicity‐Scanning based on Navigated Automatic Phase‐picking (S‐SNAP) to the 2019 Ridgecrest, California sequence[J/OL]. Geophysical Journal International, 2020, 223(3): 1511‐1524.

[202] YU Y, LIANG C, WU F, et al. On the accuracy and efficiency of the joint source scanning algorithm for hydraulic fracturing monitoring[J/OL]. GEOPHYSICS, 2018, 83(5): KS77–KS85.

[203] WANG C, LIANG C. BSPASS: A Beam Search–Based Phase Association and Source Scanning Earthquake Location Method[J/OL]. Seismological Research Letters, 2022, 93(4): 2218–2229.

[204] KUPERMAN W A, HODGKISS W S, SONG H C, et al. Phase conjugation in the ocean: Experimental demonstration of an acoustic time–reversal mirror[J/OL]. The Journal of the Acoustical Society of America, 1998, 103(1): 25–40.

[205] ARTMAN B, PODLADTCHIKOV I, WITTEN B. Source location using time–reverse imaging[J]. Geophysical Prospecting, 2010, 58(5): 861–873.

[206] DOUMA J, NIEDERLEITHINGER E, SNIEDER R. Locating Events Using Time Reversal and Deconvolution: Experimental Application and Analysis [J/OL]. Journal of Nondestructive Evaluation, 2015, 34: 2.

[207] BAYSAL E, KOSLOFF D D, SHERWOOD J W C. Reverse time migration[J/OL]. GEOPHYSICS, 1983, 48(11): 1514–1524.

[208] WAPENAAR K, SLOB E, SNIEDER R, et al. Tutorial on seismic interferometry: Part 2 — Underlying theory and new advances[J/OL]. GEOPHYSICS, 2010, 75(5): 75A211–75A227.

[209] ZHOU H W, HU H, ZOU Z, et al. Reverse time migration: A prospect of seismic imaging methodology[J/OL]. Earth–Science Reviews, 2018, 179: 207–227.

[210] LARMAT C, TROMP J, LIU Q, et al. Time reversal location of glacial earthquakes[J/OL]. Journal of Geophysical Research, 2008, 113: B09314.

[211] KAWAKATSU H, MONTAGNER J P. Time–reversal seismic–source imaging and moment–tensor inversion[J/OL]. Geophysical Journal International, 2008, 175(2): 686–688.

[212] SUN J, ZHU T, FOMEL S, et al. Investigating the possibility of locating microseismic sources using distributed sensor networks[C/OL]//SEG Technical Program Expanded Abstracts 2015. New Orleans, Louisiana: Society of Exploration Geophysicists, 2015: 2485–2490 [2019–05–06]. http://library.seg.org/doi/10.1190/segam2015–5888848.1.

[213] STEINER B, SAENGER E H, SCHMALHOLZ S M. Time reverse modeling of low–frequency microtremors: Application to hydrocarbon reservoir localization [J/OL].

Geophysical Research Letters, 2008, 35: L03307.

[214] ZHU T. Time-reverse modelling of acoustic wave propagation in attenuating media[J/OL]. Geophysical Journal International, 2014, 197(1): 483-494.

[215] LI Z, VAN DER BAAN M. Microseismic event localization by acoustic time reversal extrapolation[J/OL]. GEOPHYSICS, 2016, 81(3): KS123-KS134.

[216] NAKATA N, BEROZA G C. Reverse time migration for microseismic sources using the geometric mean as an imaging condition[J/OL]. GEOPHYSICS, 2016, 81(2): KS51-KS60.

[217] WERNER C, SAENGER E H. Obtaining reliable source locations with time reverse imaging: limits to array design, velocity models and signal-to-noise ratios[J/OL]. Solid Earth, 2018, 9(6): 1487-1505.

[218] ZHU T. Passive seismic imaging of subwavelength natural fractures: theory and 2-D synthetic and ultrasonic data tests[J/OL]. Geophysical Journal International, 2019, 216(3): 1831-1841.

[219] VIRIEUX J, OPERTO S. An overview of full-waveform inversion in exploration geophysics[J/OL]. GEOPHYSICS, 2009, 74(6): WCC1-WCC26.

[220] PLESSIX R E. A review of the adjoint-state method for computing the gradient of a functional with geophysical applications[J/OL]. Geophysical Journal International, 2006, 167(2): 495-503.

[221] FICHTNER A, BUNGE H P, IGEL H. The adjoint method in seismology I. Theory[J/OL]. Physics of the Earth and Planetary Interiors, 2006, 157: 86-104.

[222] MICHEL O, TSVANKIN I. Gradient calculation for waveform inversion of microseismic data in VTI media[J]. Journal of Seismic Exploration, 2014, 23(3): 201-217.

[223] MICHEL O, TSVANKIN I. Waveform inversion for microseismic velocity analysis and event location in VTI media[J/OL]. GEOPHYSICS, 2017, 82(4): WA95-WA103.

[224] KADERLI J, MCCHESNEY M D, MINKOFF S E. A self-adjoint velocity-stress full-waveform inversion approach to microseismic source estimation[J/OL]. GEOPHYSICS, 2018, 83(5): R413-R427.

[225] SHEKAR B, SETHI H S. Full-waveform inversion for microseismic events using sparsity constraints[J/OL]. GEOPHYSICS, 2019, 84(2): KS1-KS12.

[226] WANG H, ALKHALIFAH T. Microseismic imaging using a source function independent full waveform inversion method[J/OL]. Geophysical Journal International, 2018, 214(1): 46-57.

[227] WU Y, MCMECHAN G A. Elastic full–waveform inversion for earthquake source parameters[J/OL]. Geophysical Journal International, 1996, 127(1): 61-74.

[228] RAMOS–MARTINEZ J, MCMECHAN G A. Source–Parameter Estimation by Full Waveform Inversion in 3D Heterogeneous, Viscoelastic, Anisotropic Media [J/OL]. Bulletin of the Seismological Society of America, 2001, 91(2): 276-291.

[229] SOKOS E N, ZAHRADNIK J. ISOLA a Fortran code and a Matlab GUI to perform multiple-point source inversion of seismic data[J/OL]. Computers & Geosciences, 2008, 34(8): 967-977.

[230] SUN J, XUE Z, ZHU T, et al. Full–waveform inversion of passive seismic data for sources and velocities [C/OL]//SEG Technical Program Expanded Abstracts 2016. Dallas, Texas: Society of Exploration Geophysicists, 2016: 1405 – 1410 [2019 – 05 – 08]. http://library.seg.org/doi/10.1190/segam2016-13959115.1.

[231] 缪思钰. 基于波形的地震定位及破裂过程研究[D]. 合肥: 中国科学技术大学, 2022.

[232] 褚志刚, 杨洋, 倪计民, 等. 波束形成声源识别技术研究进展[J]. 声学技术, 2013, 32(5): 430-435.

[233] POIATA N, VILOTTE J P, BERNARD P, et al. Imaging different components of a tectonic tremor sequence in southwestern Japan using an automatic statistical detection and location method[J/OL]. Geophysical Journal International, 2018, 213(3): 2193-2213.

[234] BIRCHFIELD S T, GILLMOR D K. Fast Bayesian acoustic localization [C]//IEEE International Conference on Acoustics, Speech, and Signal Processing (ICASSP): 卷 2. IEEE, 2002: II-1793-II-1796.

[235] GILBERT F. Excitation of the normal modes of the Earth by earthquake sources[J]. Geophysical Journal International, 1971, 22(2): 223-226.

[236] MAXWELL S C. What Does Microseismicity Tells Us About Hydraulic Fractures? [C]// SEG Technical Program Expanded Abstracts 2011. Society of Exploration Geophysicists, 2011: 1565-1569.

[237] EISNER L, WILLIAMS–STROUD S, HILL A, et al. Beyond the dots in the box: Microseismicity-constrained fracture models for reservoir simulation[J/OL]. The Leading Edge, 2010, 29(3): 326-333.

[238] 牟永光, 裴正林. 三维复杂介质地震数值模拟[M]. 北京: 石油工业出版社, 2005.

[239] VIREUX J. P–SV wave propagation in heterogeneous media: velocity stress finite–difference method[J]. Geophysics, 1986, 51(4): 889-901.

[240] 董良国, 马在田, 曹景忠, 等. 一阶弹性波方程交错网格高阶差分解法[J]. 地球物理学报, 2000, 43(3): 411-419.

[241] BOHLEN T. Parallel 3-D viscoelastic finite difference seismic modelling[J/OL]. Computers & Geosciences, 2002, 28(8): 887-899.

[242] 张海澜, 王秀明, 张碧星. 井孔的声场和波[M]. 北京: 科学出版社, 2004.

[243] ALFORD R M, KELLY K R, BOORE D M. Accuracy of finite-difference modeling of the acoustic wave equation[J]. Geophysics, 1974, 39(6): 834-842.

[244] COLLINO F, TSOGKA C. Application of the perfectly matched absorbing layer model to the linear elastodynamic problem in anisotropic heterogeneous media[J]. Geophysics, 2001, 66(1): 294-307.

[245] SHERIFF R E. Encyclopedic dictionary of applied geophysics[M]. Tulsa: Society of Exploration Geophysicists, 2002.

[246] VAVRYČUK V. Inversion for parameters of tensile earthquakes[J]. Journal of Geophysical Research: Solid Earth, 2001, 106(B8): 16339-16355.

[247] OU G B. Seismological Studies for Tensile Faults[J]. Terrestrial, Atmospheric and Oceanic Sciences, 2008, 19(5): 463-471.

[248] KNOPOFF L, RANDALL M J. The compensated linear-vector dipole: A possible mechanism for deep earthquakes[J]. Journal of Geophysical Research, 1970, 75(26): 4957-4963.

[249] PITARKA A. 3D elastic finite-difference modeling of seismic motion using staggered grids with nonuniform spacing[J]. Bulletin of the Seismological Society of America, 1999, 89(1): 54-68.

[250] GRAVES R W. Simulating seismic wave propagation in 3D elastic media using staggered-grid finite differences[J]. Bulletin of the Seismological Society of America, 1996, 86(4): 1091-1106.

[251] LI H J, WANG R Q, CAO S Y. Microseismic forward modeling based on different focal mechanisms used by the seismic moment tensor and elastic wave equation[J]. Journal of Geophysics and Engineering, 2015, 12(2): 155-166.

[252] LI L, TAN J, ZHANG D, et al. FDwave3D: A MATLAB solver for the 3D anisotropic wave equation using the finite-difference method[J]. Computational Geosciences, 2021, 25: 1565-1578.

[253] SHEEN D H, TUNCAY K, BAAG C E, et al. Parallel implementation of a velocity-stress staggered-grid finite-difference method for 2-D poroelastic wave propagation[J/

OL]. Computers & Geosciences, 2006, 32(8): 1182-1191.

[254] BOYD O S. An efficient Matlab script to calculate heterogeneous anisotropically elastic wave propagation in three dimensions[J/OL]. Computers & Geosciences, 2006, 32(2): 259-264.

[255] MARTIN R, KOMATITSCH D. An unsplit convolutional perfectly matched layer technique improved at grazing incidence for the viscoelastic wave equation [J/OL]. Geophysical Journal International, 2009, 179(1): 333-344.

[256] MICHÉA D, KOMATITSCH D. Accelerating a three-dimensional finite-difference wave propagation code using GPU graphics cards: Accelerating a wave propagation code using GPUs[J/OL]. Geophysical Journal International, 2010, 182(1): 389-402.

[257] THORBECKE J W, DRAGANOV D. Finite-difference modeling experiments for seismic interferometry[J/OL]. GEOPHYSICS, 2011, 76(6): H1-H18.

[258] WEISS R M, SHRAGGE J. Solving 3D anisotropic elastic wave equations on parallel GPU devices[J/OL]. GEOPHYSICS, 2013, 78(2): F7-F15.

[259] KÖHN D, DE NIL D, KURZMANN A, et al. On the influence of model parametrization in elastic full waveform tomography [J/OL]. Geophysical Journal International, 2012, 191(1): 325-345.

[260] RUBIO F, HANZICH M, FARRÉS A, et al. Finite-difference staggered grids in GPUs for anisotropic elastic wave propagation simulation [J/OL]. Computers & Geosciences, 2014, 70: 181-189.

[261] MAEDA T, TAKEMURA S, FURUMURA T. OpenSWPC: an open-source integrated parallel simulation code for modeling seismic wave propagation in 3D heterogeneous viscoelastic media[J/OL]. Earth, Planets and Space, 2017, 69(1)[2018-12-03]. http://earth-planets-space.springeropen.com/articles/10.1186/s40623-017-0687-2.

[262] FABIEN-OUELLET G, GLOAGUEN E, GIROUX B. Time-domain seismic modeling in viscoelastic media for full waveform inversion on heterogeneous computing platforms with OpenCL[J/OL]. Computers & Geosciences, 2017, 100: 142-155.

[263] ZHU T. Numerical simulation of seismic wave propagation in viscoelastic-anisotropic media using frequency-independent Q wave equation[J/OL]. GEOPHYSICS, 2017, 82(4): WA1-WA10.

[264] SHI P, ANGUS D, NOWACKI A, et al. Microseismic Full Waveform Modeling in Anisotropic Media with Moment Tensor Implementation[J/OL]. Surveys in Geophysics, 2018, 39(4): 567-611.

[265] MALKOTI A, VEDANTI N, TIWARI R K. An algorithm for fast elastic wave simulation using a vectorized finite difference operator[J/OL]. Computers & Geosciences, 2018, 116: 23-31.

[266] 杨心超, 朱海波, 崔树果, 等. P波初动震源机制解在水力压裂微地震监测中的应用[J]. 石油物探, 2015, 54(1): 43-50.

[267] AMINZADEH F, JEAN B, KUNZ T. 3-D salt and overthrust models[M]. Tulsa: Society of Exploration Geophysicists, 1997.

[268] 李磊, 张大洲, 潘新朋, 等. 基于多参数指标的波形叠加定位性能评价体系[C]//中国地球科学联合学术年会 2021/2022. 2021: 2157-2158.

[269] LI L, STANĚK F, ZHAN T. Performance evaluation and influential factor analysis for stacking-based seismic location[C]//AGU Fall Meeting 2021. AGU, 2021: S25F-0315.

[270] 战婷婷, 李磊, 陈浩. 基于瞬时相位的微地震干涉定位方法研究[J]. 地球物理学报, 2022, 65(5): 1753-1768.

[271] 蒋一然, 宁杰远. 基于支持向量机的地震体波震相自动识别及到时自动拾取[J]. 地球物理学报, 2019, 62(1): 361-373.

[272] WANG J, TENG T L. Artificial neural network-based seismic detector[J/OL]. Bulletin of the Seismological Society of America, 1995, 85(1): 308-319.

[273] DAI H, MACBETH C. The application of back-propagation neural network to automatic picking seismic arrivals from single-component recordings[J/OL]. Journal of Geophysical Research: Solid Earth, 1997, 102(B7): 15105-15113.

[274] ZHAO Z, GROSS L, ZHOU Y, et al. Automatic Microseismic Event Detection Using Deep Learning: a Classification is Detection Method[C]//81st EAGE Conference & Exhibition 2019. EAGE, 2019: Tu P10 01.

[275] 田宵, 汪明军, 张雄, 等. 基于多输入卷积神经网络的天然地震和爆破事件识别[J]. 地球物理学报, 2022, 65(5): 1802-1812.

[276] 王维波, 徐西龙, 盛立, 等. 卷积神经网络微地震事件检测[J]. 石油地球物理勘探, 2020, 55(5): 939-949.

[277] 赵明, 唐淋, 陈石, 等. 基于深度学习到时拾取自动构建长宁地震前震目录[J]. 地球物理学报, 2021, 64(1): 54-66.

[278] ZHU J, LI Z, FANG L. USTC-Pickers: a Unified Set of seismic phase pickers Transfer learned for China[J]. Earthquake Science, 2022, 36: in press.

[279] GUO C, ZHU T, GAO Y, et al. AEnet: Automatic Picking of P-Wave First Arrivals

Using Deep Learning[J/OL]. IEEE Transactions on Geoscience and Remote Sensing, 2021, 59(6): 5293-5303.

[280] CHEN G, LI J. CubeNet: Array-Based Seismic Phase Picking with Deep Learning[J/OL]. Seismological Research Letters, 2022, 93(5): 2554-2569.

[281] GRIGOLI F, CLINTON J F, DIEHL T, et al. Monitoring microseismicity of the Hengill Geothermal Field in Iceland[J/OL]. Scientific Data, 2022, 9(1): 220.

[282] LI L, PENG L, ZENG X, et al. Microseismic event and phase detection using deep learning and clustering methods[C]//The 28th General Assembly of the International Union of Geodesy and Geophysics (IUGG). IUGG, 2023: S08p-136.

[283] YANG X S. Nature-inspired metaheuristic algorithms[M]. London: Luniver press, 2010.

[284] SHAW R, SRIVASTAVA S. Particle swarm optimization: A new tool to invert geophysical data[J]. Geophysics, 2007, 72(2): F75-F83.

[285] 潘克家, 王文娟, 谭永基, 等. 基于混合差分进化算法的地球物理线性反演[J]. 地球物理学报, 2009, 52(12): 3083-3090.

[286] 印兴耀, 孔栓栓, 张繁昌, 等. 基于差分进化算法的叠前 AVO 反演[J]. 石油地球物理勘探, 2013, 48(4): 591-596.

[287] PEI D, QUIREIN J A, CORNISH B E Q, et al. Velocity calibration for microseismic monitoring: A very fast simulated annealing (VFSA) approach for joint-objective optimization[J]. Geophysics, 2009, 74(6): WCB47-WCB55.

[288] TAN Y, HE C, MAO Z. Microseismic velocity model inversion and source location: The use of neighborhood algorithm and master station method[J]. Geophysics, 2018, 83(4): 1-15.

[289] WALDA J, GAJEWSKI D. Determination of wavefront attributes by differential evolution in the presence of conflicting dips[J]. Geophysics, 2017, 82(4): V229-V239.

[290] XIE Y, GAJEWSKI D. 5-D interpolation with wave-front attributes[J/OL]. Geophysical Journal International, 2017, 211(2): 897-919.

[291] ZIMMER U, JIN J. Fast search algorithms for automatic localization of microseismic events [J]. CSEG Recorder, 2011, 36: 40-46.

[292] VERDON J P, KENDALL J, HICKS S P, et al. Using beamforming to maximise the detection capability of small, sparse seismometer arrays deployed to monitor oil field activities[J]. Geophysical Prospecting, 2017, 65(6): 1582-1596.

[293] KENNEDY R, EBERHART R. Particle swarm optimization[C]//IEEE International

Conference on Neural Networks. IEEE, 1995.

[294] SHI Y, EBERHART R. A modified particle swarm optimizer [C]//The 1998 IEEE International Conference on Evolutionary Computation. IEEE, 1998: 69-73.

[295] STORN R, PRICE K. Differential evolution-a simple and efficient adaptive scheme for global optimization over continuous spaces: technical report TR-95-012[R]. Berkeley: International Computer Science Institute, 1995.

[296] STORN R, PRICE K. Differential evolution-a simple and efficient heuristic for global optimization over continuous spaces[J]. Journal of global optimization, 1997, 11(4): 341-359.

[297] RŮŽEK B, KVASNIČKA M. Differential evolution algorithm in the earthquake hypocenter location[J]. Pure and Applied Geophysics, 2001, 158(4): 667-693.

[298] SAMBRIDGE M. Geophysical inversion with a neighbourhood algorithm—I. Searching a parameter space[J]. Geophysical Journal International, 1999, 138(2): 479-494.

[299] SAMBRIDGE M. Geophysical inversion with a neighbourhood algorithm—II. Appraising the ensemble[J]. Geophysical Journal International, 1999, 138(3): 727-746.

[300] COOK N G W. Seismicity associated with mining[J/OL]. Engineering Geology, 1976, 10(2-4): 99-122.

[301] BISCHOFF S T, FISCHER L, WEHLING-BENATELLI S, et al. Spatio-temporal characteristics of mining induced seismicity in the eastern Ruhr-area[C]//Cahiers du Centre Europe en de Geodynamics et de Seismologie. The European Center for Geodynamics and Seismology (ECGS), 2010.

[302] WEHLING-BENATELLI S, BECKER D, BISCHOFF M, et al. Indications for different types of brittle failure due to active coal mining using waveform similarities of induced seismic events[J/OL]. Solid Earth, 2013, 4(2): 405-422.

[303] LI L, XIE Y J, CHEN H, et al. Improving the efficiency of microseismic imaging with particle swarm optimization[C]//79th EAGE Conference and Exhibition 2017. 2017: We B4 11.

[304] EIBEN A E, HINTERDING R, MICHALEWICZ Z. Parameter control in evolutionary algorithms[J]. IEEE Transactions on Evolutionary Computation, 1999, 3(2): 124-141.

[305] DAS S, SUGANTHAN P N. Differential Evolution: A Survey of the State-of-the-Art[J/OL]. IEEE Transactions on Evolutionary Computation, 2011, 15(1): 4-31.

[306] EIBEN A E, SMIT S K. Parameter tuning for configuring and analyzing evolutionary algorithms[J/OL]. Swarm and Evolutionary Computation, 2011, 1(1): 19-31.

[307] GOEBEL T H W, SCHORLEMMER D, BECKER T W, et al. Acoustic emissions document stress changes over many seismic cycles in stick-slip experiments[J/OL]. Geophysical Research Letters, 2013, 40(10): 2049-2054.

[308] YOSHIMITSU N, KAWAKATA H, TAKAHASHI N. Magnitude -7 level earthquakes: A new lower limit of self-similarity in seismic scaling relationships[J/OL]. Geophysical Research Letters, 2014, 41(13): 4495-4502.

[309] 陈颙, 于小红. 岩石样品变形时的声发射[J]. 地球物理学报, 1984, 27(4): 392-401.

[310] PATERSON M S, WONG T fong. Experimental rock deformation—the brittle field [M]. 2nd ed. Berlin; New York: Springer, 2005.

[311] PETRUŽÁLEK M, JECHUMTÁLOVÁ Z, KOLÁŘ P, et al. Acoustic emission in a laboratory: mechanism of microearthquakes using alternative source models [J/OL]. Journal of Geophysical Research: Solid Earth, 2018, 123(6): 4965-4982.

[312] 王婷婷. 基于声发射行为页岩压裂裂缝破裂方式演化研究[D]. 大庆: 东北石油大学, 2017.

[313] LOUIS C, DESSENNE J, FEUGA B. Interaction between water flow phenomena and the mechanical behavior of soil or rock masses[M]//GUDEHNS G. Finite elements in geomechanics. New York, USA: Wiley, 1977: 479-511.

[314] WARPINSKI N R. Measurement of Width and Pressure in a Propagating Hydraulic Fracture[J/OL]. Society of Petroleum Engineers Journal, 1985, 25(01): 46-54.

[315] RUTQVIST J. Determination of hydraulic normal stiffness of fractures in hard rock from well testing[J/OL]. International Journal of Rock Mechanics and Mining Sciences & Geomechanics Abstracts, 1995, 32(5): 513-523.

[316] WARREN W E, SMITH C W. In situ stress estimates from hydraulic fracturing and direct observation of crack orientation[J/OL]. Journal of Geophysical Research, 1985, 90 (B8): 6829.

[317] EVANS K. 3. 2 Reservoir creation[M]//HIRSCHBERG S, WIEMER S, BURGHERR P. Energy from the Earth: Deep Geothermal as a Resource for the Future? Bern, Switzerland: Zentrum für Technologiefolgen- Abschätzung, 2014: 82-118.

[318] CORNET F, JONES R. Field evidences on the orientation of forced water flow with respect to the regional principal stress directions[C]//1st North American Rock Mechanics Symposium. American Rock Mechanics Association, 1994: 61-69.

[319] AMANN F, GISCHIG V, EVANS K, et al. The seismo-hydromechanical behavior during

deep geothermal reservoir stimulations: open questions tackled in a decameter-scale in situ stimulation experiment[J/OL]. Solid Earth, 2018, 9(1): 115-137.

[320] JALALI M, GISCHIG V, DOETSCH J, et al. Transmissivity Changes and Microseismicity Induced by Small-Scale Hydraulic Fracturing Tests in Crystalline Rock [J/OL]. Geophysical Research Letters, 2018, 45(5): 2265-2273.

[321] GISCHIG V S, DOETSCH J, MAURER H, et al. On the link between stress field and small-scale hydraulic fracture growth in anisotropic rock derived from microseismicity[J/OL]. Solid Earth, 2018, 9(1): 39-61.

[322] 国家能源局. 页岩气发展规划(2016-2020年): 页岩气发展规划(2016-2020年)[R]. 北京: 国家能源局, 2016.

[323] 王世谦. 页岩气资源开采现状、问题与前景[J]. 天然气工业, 2017, 37(6): 115-130.

[324] 郭旭升. 涪陵页岩气田焦石坝区块富集机理与勘探技术[M]. 北京: 科学出版社, 2014.

[325] ECONOMIDES M J, NOTTE K G. Reservoir Stimulation (3rd Edition)[M]. Chichester, UK: Wiley, 2000.

[326] 唐颖, 唐玄, 王广源, 等. 页岩气开发水力压裂技术综述[J]. 地质通报, 2011, 31(2): 393-399.

[327] TAN Y, HU J, ZHANG H, et al. Hydraulic Fracturing Induced Seismicity in the Southern Sichuan Basin Due to Fluid Diffusion Inferred From Seismic and Injection Data Analysis [J/OL]. Geophysical Research Letters, 2020, 47(4): e2019GL084885.

[328] LI J, XU J, ZHANG H, et al. High seismic velocity structures control moderate to strong induced earthquake behaviors by shale gas development[J/OL]. Communications Earth & Environment, 2023, 4(1): 188.

[329] STANĚK F, EISNER L, JAN MOSER T. Stability of source mechanisms inverted from P-wave amplitude microseismic monitoring data acquired at the surface: Stability of source mechanisms inverted from P-wave amplitude data [J/OL]. Geophysical Prospecting, 2014, 62(3): 475-490.

[330] HOLLAND A A. Earthquakes triggered by hydraulic fracturing in south-central Oklahoma [J]. Bulletin Of The Seismological Society Of America, 2013, 103(3): 1784-1792.

[331] ELLSWORTH W L. Injection-induced earthquakes [J]. Science, 2013, 341(6142): 1225942.

[332] K. M. KERANEN, M. WEINGARTEN, G. A. ABERS, et al. Sharp increase in central

Oklahoma seismicity since 2008 induced by massive wastewater injection[J]. Science, 2014, 345(6195): 448-451.

[333] WALSH F R, ZOBACK M D. Oklahoma's recent earthquakes and saltwater disposal[J/OL]. Science Advances, 2015, 1(5): e1500195.

[334] PETERSEN M D, MUELLER C S, MOSCHETTI M P, et al. Seismic-Hazard Forecast for 2016 Including Induced and Natural Earthquakes in the Central and Eastern United States [J/OL]. Seismological Research Letters, 2016, 87(6): 1327-1341.

[335] PETERSEN M D, MUELLER C S, MOSCHETTI M P, et al. 2018 One-Year Seismic Hazard Forecast for the Central and Eastern United States from Induced and Natural Earthquakes[J/OL]. Seismological Research Letters, 2018, 89(3): 1049-1061.

图书在版编目（CIP）数据

波形叠加地震定位方法与应用／李磊等著. —长沙：
中南大学出版社，2024.1

ISBN 978-7-5487-5728-3

Ⅰ. ①波… Ⅱ. ①李… Ⅲ. ①地震波形－叠加法－应
用－地震定位－研究 Ⅳ. ①P315.3②P315.61

中国国家版本馆 CIP 数据核字（2024）第 022860 号

波形叠加地震定位方法与应用

李　磊　谭静强　潘新朋　张大洲　柳建新　著

□出 版 人	林绵优	
□策划编辑	刘颖维	
□责任编辑	刘颖维	
□封面设计	李芳丽	
□责任印制	唐　曦	
□出版发行	中南大学出版社	
	社址：长沙市麓山南路	邮编：410083
	发行科电话：0731-88876770	传真：0731-88710482
□印　　装	湖南鑫成印刷有限公司	

□开　　本	710 mm×1000 mm 1/16	□印张 9　□字数 160 千字
□版　　次	2024 年 1 月第 1 版	□印次 2024 年 1 月第 1 次印刷
□书　　号	ISBN 978-7-5487-5728-3	
□定　　价	78.00 元